用文字照亮每个人的精神夜空

山家風味

木刻 杨梓靖

张西昌 著

河北出版传媒集团
河北教育出版社

图书在版编目（CIP）数据

山家风味 / 张西昌著 . -- 石家庄 : 河北教育出版社 , 2025. 2 -- (寻味系列). -- ISBN 978-7-5545 -8612-9

Ⅰ . TS971.2

中国国家版本馆 CIP 数据核字第 20248G9E11 号

山家风味
SHAN JIA FENG WEI

作 者	张西昌	
出 版 人	董素山	
策 划	汪雅瑛	康瑞锋
责任编辑	刘书芳	王旭瑞
特约编辑	田 千 孙华硕	庞美婷
版 式	宽 堂	
封面设计	零 一	
特约营销推广	李 朵	

出 版 河北出版传媒集团

河北教育出版社 http://www.hhep.com
（石家庄市联盟路 705 号，050061）

印 制	三河市中晟雅豪印务有限公司
排 版	芳华思源
开 本	880mm×1230mm 1/32
印 张	9
字 数	180 千字
版 次	2025 年 2 月第 1 版
印 次	2025 年 2 月第 1 次印刷
书 号	ISBN 978-7-5545-8612-9
定 价	69.80 元

版权所有，侵权必究

一个小园儿，两三亩地。花竹随宜旋装缀。槿篱茅舍，便有山家风味。等闲池上饮，林间醉。

——（宋）朱敦儒

此一处书法作品及本书绘画作品，均由画家周红艺先生所作。周红艺，1974 年生于陕西眉县，1995 年毕业于西安美术学院中国画系，现为西北工业大学工业设计系副教授、硕士导师。

撥雪
挑來
菜特
青白冊
自煮作
極美寶
階香硯俤
曾戴偏何
寒門兩地
生許虔龍
句生賞
紅葉芸

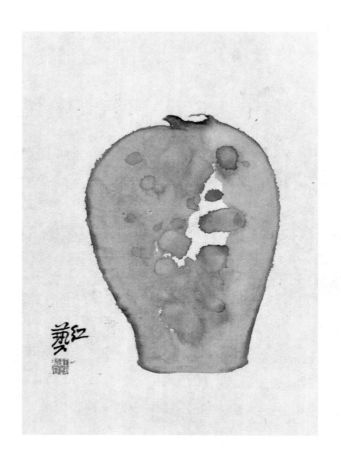

序

　　自古以来，各地居民依托其特有的自然环境和气候条件，探寻出一条与众不同的生存之道，也铸就了风格各异的民俗、艺术、服饰、工具以及美食，由此孕育出独一无二的地域文化。这种不可复制的独特性，塑造了各具特色的历史与生活方式。因此，我对那些提及童年和故乡便洋溢着浓厚兴趣的人情有独钟，他们身上展现出一种历经时间沉淀的真实与历经世故依旧坚守的执着。

　　张西昌深耕于民艺领域，对他而言，美食不仅是民俗与民艺的一部分，更是一种全景视角下的独特观照。难能可贵的是，他在学术探究之外，始终怀揣对家乡的深情厚谊，去审视那些日常饮食，使得他的观察多了份人情味和烟火气。在研究千阳布艺和血社火的同时，他撰写了《关中食话》，而在整理陕南民艺的过程中，《山家风味》便自然而然地流淌于笔端。

　　俗语说："一方水土养一方人。"秦巴山脉横亘东西，将陕南隔绝为一个相对闭塞的区域，靠山吃山成为这里人们的日常。陕南山区物产丰饶，盛产木耳、香菇、竹荪、山野菜等食材，因与四川、湖北的交界，烹饪兼具陕川鄂菜系的风格。在西昌的笔下，并未过多着墨于飨宴大餐，反而聚焦在糍粑、浆水菜、神仙粉、杏仁面这样的平民美食，透露出他对当地居民及食物的深情与尊重。他所描述的每一种食物，不仅是食材的简单组合，更是时光的积淀和文化的传承，除了食物的味道，还有各自背后的故事。并不时地提醒我们，要慢下来，去品味那些简单而纯粹的幸福。随着生活改善与城市化发展，许多山珍野味进入了酒楼饭店，更多的可能正在从人们的餐桌消失，但他力图让读者认识到：每一种食物都有其不可替代的价值，它们是生活的见证者，是文化的传递者。通过他的文字，我们可以领略到食物与人情在四季轮回、节令变迁中的微妙交织，及其在生活里不可或缺的角色。食物于此，早已超脱单一的营养供给，化身为情感的寄托与时光的见证，唤起我们对这片土地及其子民的深厚感情与无限憧憬。

《山家风味》是一本陕南美食指南，也是一部陕南地区的生活史和文化志。而这种地气，正是从泥土中出来的。

在非物质文化遗产研究的视野里，食物不单是滋养身体的物质，还是文化与记忆的载体，是连接过去与未来、人与自然、情感与记忆的纽带。这是一份对传统美食的尊重，也是对传统生活方式的执着守候以及对家园土地的虔诚敬畏。西昌的文字，是对陕南美食的赞歌，也是对农耕生活的颂扬。通过他的笔触，我们看到了一个更加鲜活的山家清味，也看到了一种在现代化浪潮中依然坚守传统、尊重自然的陕南精神。

高非（艺术家、策展人）

目录

立春

　　冰开雪融，大地回春。最先感知到天时地气之变的，自然是野菜。秦岭南北，草木峥嵘，蕨菜、荠菜、野葱、马兰头……这些鸣春的清味，最能启动苏醒的味蕾，而且此时，人们也最想品尝蔬菜的本味，所以烹调手法也极简。早春的诸多野菜，正体现了食道与天道的契合，也是人们身心安适的物质基础。

　　本书二十四节气名称的书法作品及相连的篆刻作品，均由著名书法篆刻家赵熊先生题写。赵熊，字大愚、老墙，生于1949年，现为陕西省书法家协会名誉主席，西安市文史研究馆馆员，终南印社名誉社长，西泠印社理事，陕西书学院专业书法篆刻家、一级美术师，中国书法家协会篆刻委员会委员，中国书法家协会书法培训中心教授，中国艺术研究院中国篆刻艺术院研究员。

荠菜

最切实的春意应该是从泥土里生长出来的。

过了正月就是暖春。在阳光的抚慰下，土地像是从冰箱里拿出来的冻豆腐，开始变得酥松而滋润，似乎身上的每个毛孔都开始了呼吸。

这时，乡下孩子们最乐意的事情，就是提着竹篮到麦田里去。正欲起身的麦苗开始返青，在煦暖的春光里，翠色欲滴，盈盈可人。其实，真正吸引孩子们的，是麦苗间偶尔会探出身形的野荠菜。

"春入平原荠菜花，新耕雨后落群鸦。"诗人辛弃疾在醉后所书的这首词，为我们描绘了平原春日里泥土清新、荠菜花开吐芳时的盛景。相较之下，苏东坡的句子——"时绕麦田求野荠"则更有生活的烟火味。

与园子里的蔬菜不同，在满眼翠碧的麦地里找寻荠菜，无疑是一段伴随着欣喜和心跳的发现之旅，而且，这种极富趣味感的劳动尤其适合孩子们的心性。其实，挖荠菜也是变相的踏青。

荠菜多生于路边、渠垄和田间。路边顺风，荠菜也就色泽深沉，相对显老。渠垄近水，荠菜多鲜嫩肥美，体形硕大。生于田间者，因有麦苗掩蔽，光照受到调节，生长匀速，故而味道最好。在《诗经》中，就最早记载了百姓对于享食荠菜的味蕾认同——"谁谓荼苦，其甘如荠"（《邶风·谷风》）。

荠菜又名护生草、地菜、小鸡草、地米菜、菱闸菜、花紫菜等。此菜分布很广，南地与北国均有，且以中原为盛。秦岭两边，虽气候有别，但都宜于荠菜生长，其种类也有很多。最常见的是散叶荠菜，其叶茎长，叶面形似钥匙，也称钥匙菜。散叶荠菜最喜聚拢，有时密密匝匝，软如地毯。还有一种荠菜的近亲，称面条菜，其叶形如柳叶，表面毛涩，视觉温润，我们称合瓶菜或麦合瓶。还有一种勺勺菜，形态最美，叶子如菊，末端宽大，呈凹面卷起，状如小勺，颇受孩子们青睐。最引人发笑的是一种叶子干涩曲皱的荠菜，耐干旱，外形不招人喜欢，当地人给它取了个让人五味杂陈的名字——"老婆脚指甲"，意指传统社会裹脚的老太太，因其脚型受到挤压，骨肉连带指甲均已变形。每每挑到这种菜，孩子们就会捂着鼻子欢笑，相互调侃。

农家饭菜不用太讲究，在蔬菜缺乏的年代里，荠菜更是上天的恩赐。因为荠菜的生长期短，因而也就成了备值珍惜的时令菜肴。当然，它不仅可作为食材，同时也有良好的药用价值。《名医别录》中载，荠菜"主利肝气，和中"。《药性论》也言其"（将荠菜风干后）烧灰（服），能治赤白痢"。《千金·食治》言其"杀诸毒。根，主目涩痛"。《日用本草》和《本草纲目》中载，荠菜有"凉肝、明目、益胃"之功效，目前可用于治疗产后出血、痢疾、水肿、肠炎、胃溃疡、感冒发热、目赤肿疼等病症。

很多野菜，亦食亦药，但在农家人看来，只是更加珍重这天赐的野味。在他们的厨房里，简单舒适是基本的生活美学。荠菜从生长到食用，是这一朴素美学的最好体现。我国民间就流传着"宁吃荠菜鲜，不吃白菜馅"的说法，可见其与百姓生活的情感关联。虽然荠菜蒸、煮、煎、炸都适合，但相较而言，蒸、煮的方式更能保留其清新的乡野本味。

荠菜最简单的吃法是凉拌。荠菜过水后，颜色更清亮，此前略带土腥的杂色，过水后都被洗涤一新。在秦岭北麓，凉拌的荠菜最适合搭配关中人的早饭晚餐——苞谷糁。略甜的糁子配以稍苦的荠菜，黄绿之间，包含了农人们多少朴素的生活愉悦。诗人陆游就曾用文字表达他食用该餐的感受，"荠糁芳甘妙绝伦，啜来恍若在峨岷。莼羹豉知难敌，牛乳抔酥亦未珍"。

陕西关中人吃荠菜还有一种搭配，是将其作为搅团的配菜。

搅团是用苞谷面熬成的，呈糊膏状，热时倒入温水，使其凝结成团。搅团表面爽滑，破开后，舌头可以感触到沙沙的微小颗粒，是关中人喜欢的杂粮食物。若要搭配荠菜食用，最好是汤饭，这样不会有明显的干涩口感。深红色的汤水中，搅团保持了苞谷的金黄色，配以鲜绿色的荠菜，再辅以些许葱花和肉臊子，一碗简单的美味就此诞生了。

值得一说的荠菜美食，还有一种特色小吃——荠菜春卷，或曰锅贴，含咬春之俗，是春饼的变体。此食美味，但做起来却麻烦。我唯一吃到的一次荠菜春卷，距今已有十几年了。那时在咸阳，有同事周末与妻儿挖了荠菜回来，邀我去尝手艺。这种亲自下厨做的饭菜，自然要比馆子里亲切很多。

春卷好不好吃，首道技艺即在和面，面醒好，才会筋道，春卷的皮才会韧薄。做春卷皮真是一道技术活，先将平锅置于小火上，锅底涂菜油少许，待锅温热，抓起面团，在手中扬甩，并快速在锅内轻抹成掌面大小的圆面皮，薄皮在锅内受热，边缘自然微张翘起，估计要离锅时，用手揭下，即成春卷皮。馅料需要多少，有经验的人自然知道，量的具体拿捏，全在熟稔的心念间。皮内填入馅儿后，手指上蘸稀面糊，将春卷皮的边缘黏合，包成扁平的长方形，手指将两端轻按，使封口粘牢，不至于煎炸时张开，春卷的生坯即成。

炸春卷时，火候的掌握很重要。如今有了天然气灶，操作就方便了些。平锅内注油，漫过锅底，旺火烧至七成热，轻下春卷生坯。煎炸的过程中，控制油温很重要，薄皮呈金红色最好，并能隐隐透出荠菜的绿色。

春卷出油后，要稍微冷却，使皮儿酥脆，这样口感才更好。关中人吃春卷，喜欢蘸汁，酱醋辣椒，或再有蒜泥，调成汁水，可冲淡油腻味。这样，柔韧的荠菜、酥脆的春卷皮和调味汁一起所生成的美味，足以触动你的味蕾。

在古代文人中，数苏轼和陆游写荠菜味美的诗作相对较多。苏轼评价荠菜"虽不甘于五味，而有味外之美"，他还自己下厨，以荠菜烹制糁羹，并将其命名为"东坡羹"。

陆游对于荠菜似乎更是情有独钟，诗作亦很多，诸如"残雪初消荠满园，糁羹珍美胜羔豚""手烹墙阴荠，美若乳下豚""日日思归饱蕨薇，春来荠美忽忘归"等句。这些句子，真切地表达了他对荠菜清香的体味，也为后人理解朴素的生活美学笼上了一层别有妙味的诗意。

立春前后，秦岭南北的人们早已有些迫不及待了，等煦阳稍稍和暖，便都入田搜寻。也有老者挖了来，拿到菜市场或街边来卖，这种景象在秦岭南麓的市镇上最为多见。无论山岭还是平原，荠菜是春日里最为普遍的野味，而且持续时间也长，在近一个月的时日里，荠菜会一直陪伴农人的味蕾。为了迎合人们的喜好，荠菜也已有人工培育，城市里的人们，没有太多进田地的机会，但是，菜市场也可以买到。不过，这种荠菜大是大些，嫩是嫩些，但还是没有野生的好，而且，吃荠菜更是一种生活方式的怀想，是与挖荠菜的踏青习俗紧密相连的，缺少了这个环节，春天的味道也就淡却很多了。

小野葱

枯赭的冬草，蒙了湿湿的露水，上山的时候有些滑，但王老汉还是执意要上山。出门的时候，老伴儿和儿媳一再叮嘱他，千万要当心。他不让别人来，因为再过不到一周，小孙女就要开学去杭州了，今年大一，这是她第一次从那么远的地方回家过年，所以他必须上山去挖点野葱，不管儿子再怎么劝说，他都要自己一个人去。自小孙女儿时起，只要他挖了小野葱回来，小家伙就开心得不得了，于是，这就成了他的一门心思。尤其是孙女离家远了，他更想看到小孙女有小时候那样开心的笑容。

孙女想跟着他，以便照顾，固执的他还是不让，他说只是一点山坡坡，又是熟悉的路，没有什么可担心的。其实，他是怕孙女看到自己爬坡时吃力的样子，等到吃美味的时候，心情就没那么轻松自然了。他挎上竹篮，拿着铁铲，出发了。

王老汉的家在白河县茅坪镇，这里"南走巫夔，北通商洛，东扼均房，关南险奥"，古称"秦头楚尾"之地。湿润的空气，也使野葱出土要早些。

　　野葱，也称沙葱，百姓多将之称作野蒜、小蒜、小根蒜或里蒜等，多生在我国西北及西南地区。松软通气、排水性良好的土壤最适合野葱的生长，平原和山区都有，是最早报春的野菜之一。

　　经过人工驯化的大葱，总是有股冲冲的爨味。尤其是山东及东北所产，葱白赛玉，如椽在手，水灵是水灵，可得需蘸点面浆或者用豆腐皮包裹来吃才好，不少地方的百姓甚至利用它的辛辣味来就馍馍，或者用它来调汤，以压制羊肉的膻味等。相较而言，野葱的性情却要温和很多，既可以配菜相炒，也可以作为味料。它娇小的身姿如同马兰草，半隐于溪畔、田埂或林下，有点小家碧玉的意味。

　　王老汉走了将近一里山路，已经开始喘粗气，毕竟七十多岁了，而且他有点急，想要在十二点前赶回去，午餐桌上可不能少了孙女爱吃的野葱炒鸡蛋。

　　对熟悉山地的王老汉来说，野葱倒是不难找，以前他身手好的时候，也常带孙女来，而且有时还会背着孙女。他挖出的小野葱，孙女会择去杂草，将之捋齐，放在篮子里。孙女的开心在他那里会翻倍，酝酿成满满的幸福。

　　不多久，已得半篮子野葱，村子里已经有炊烟升起，于是，王老汉紧赶慢赶往回走了。

老伴儿已经打好了几只鸡蛋，晶亮橙黄，静等着野葱的奔赴。山里交通不便，生活多赖于自给自足，各类食材拜自然所赐，也方便可得。

孙女自觉地接过野葱，将之择洗干净，奶奶将其切段，在乌黑的铁锅里，黄绿两色相伴，更为诱人，这种小菜，稍做即成。

还是有些倒春寒，儿子为王老汉斟上苞谷酒，儿媳妇已提前往里面加了蜂蜜，并用热水温之，王老汉专用的小瓷盅里，冒着丝丝酒香。一大家子人围炉而坐，每天都很珍惜与孙女相处的时光。在这样一个僻远的小山村里，孙女能够考到浙江的好学校，已经让他们感到无限欣慰和荣光，家人们都知道，孩子以后是不会回到家乡工作的，纵然她与这里有着千丝万缕的情感牵绊。所以，她吃的第一口菜，是爷爷亲手夹给她的野葱炒鸡蛋。

另外，奶奶还给她做了野葱泡菜，这种可以久放的腌菜，饱含着亲人之间的想念和等待。因为孙女爱吃，他们本想让她带一点，但是气候不同，无法带去享用，也恐城市的同学们笑话。

家人们都深知，再过几年，孙女的口味或许也会变化，所以每逢寒暑假，他们都尽量让她重温家乡的口味。这里面有着他们对孩子味觉的补偿，也有着想让她一直思乡的牵挂。

韭菜

立春时，菜园里最好的就是韭菜，虽然这会儿已是"柳绿河开，春回雁来"，但众多的人工蔬菜尚在襁褓之中，只有蓄了一冬的韭菜，早已在暖风细雨中探出身影，并在初春时，生长得亭亭玉立了。南齐周颙说："春初早韭，秋末晚菘。"早春时的头茬韭菜，吸收了天地间敛藏最深的精华，茎叶鲜嫩，品质最佳；晚秋次之；夏季则最差。故而民间有"春食则香，夏食则臭"的说法。

韭菜是多年宿根的家蔬，因此极易培养，在很多农家的房前屋后、菜圃之中，韭菜总是必不可少的。有一年，单位组织春游，在秦岭北麓的山村里，一簇簇的韭菜随处可见，叶条鲜嫩，风姿摇曳，对于看惯整畦蔬菜的平原人而言，真是首次领略了山韭的野趣。最好的是，中午的餐桌上就有韭菜炒鸡蛋，韭是山韭，蛋是土鸡蛋，其味至醇，众人欢悦，不禁让我忆起了童年的时光。

我与母亲在菜圃里栽下韭根，小小的一方，充满期待，因为母亲说，当风变暖的时候，就可以做韭菜盒给我吃。那时，我家里种了很多菜，天稍转暖，晨风尤寒的时候，经常要到菜地里去，活计是侍弄辣椒、黄瓜、西葫芦和西红柿的秧苗，也顺便看看我的韭菜。从枯叶中露出黄绿色的小芽开始，我的目光就与其绿色的纯度相关联，每天最牵挂的事，就是看它绿了多少，高了几许。那一畦绿是最动人的，长起来，盖住了泥土的颜色，看着它，似乎味道就已到了我的舌尖。

我的家乡，对于韭菜的吃法随食而定，实在也不少。炒菜、做饼自是不用说，还有将之作为面条和搅团等食的作料，以及汤的漂花（汤面的漂菜）。

由于韭菜南北皆有，且南方更盛，故而南方韭菜的做法亦很多。比如豆丝韭菜、韭菜炒腊肉、培根炒韭菜、韭菜豆渣饼、韭菜煎凉粉、鱿鱼丝炒韭菜、韭菜炒蚕蛹、韭菜虾仁汤、韭菜炒粉丝、韭菜炒虾仁、韭菜榛子沙拉、韭菜炒猪肝……实在难以尽数。

在苏州时，我最喜欢吃的一道菜是韭菜炒螺蛳。暖春时，学校附近的乡道边，韭菜和螺蛳一并上市，老阿公和老阿妈提着小小的竹篮，蹲在路边。韭菜是自家所种，螺蛳是石湖里捞的，一切皆是春味。同事是安徽人，买些来炒，配以黄酒，那是周末里最快乐的遣兴与消磨。于是也发现，对于一种食味的品享，并不单单在其本身，而是与地属、气候以及人的情感有关。

中学时，读到杜甫的诗《赠卫八处士》，其中有句"夜雨剪春韭，新炊间黄粱"，千余年来，广为传唱。诗人与朋友的相见，是在安史之乱的三年后，国力凋敝，时局动荡。时任华州司功参军的杜甫从洛阳回返华州，别时黑发，见时鬓白，安史之乱给家事友亲带来了诸多变化，能在乱世中相逢，何其高兴！于是，朋友冒着夜雨，在自家的菜圃中割了些韭菜，蒸上黄粱米饭，慷慨把盏，秉烛泪话。因此，虽是寥寥数词，却情真意切，动人心扉。"夜雨剪韭"也是古代诗文里描绘友情的一个典故。斗笠、蓑衣，冒雨剪韭，心念的迫切，人情的温暖，为读者勾画出了鲜活的画面。宋代刘子翚也有诗曰："一畦春雨足，翠发剪还生。"在春雨与韭菜的时令邂逅中，暗含的不仅仅是味觉上的持续性期待，还有可以不断续生的神奇，这似乎就是春日生命感的象征。因此，在古人食春盘的习俗中，韭菜是不可或缺的重要角色。苏轼说："渐觉东风料峭寒，青蒿黄韭试春盘。"韭菜所具有的特殊味道和香气，与其勃勃的生命形态，会在早春时让人们焕然一新，身心启动。

白菜豆腐，贱如珠，山海味不换生寅，拖口居红簃。

雨水

雨水

老猗

　　春风拂面，夜雨萌生。花儿的初放，似乎是最为显化的春意，视觉、嗅觉、味觉乃至听觉，都在昭示着春天的温婉与含蓄。这时候，各类草木的芽尖儿也与花儿相伴，补充着味觉上的春意。苜蓿尖、豆蔓尖、构树芽、漆树芽、扫帚芽……芽尖儿即是春尖儿，每至初春，春芽宴总是人们期待的，所谓山野清味，唇齿留香。

茵陈

民谚说："二月茵陈，五月蒿。"对于初春里悄悄探出脑袋的茵陈，我颇有印象。

那时读初中，学校号召我们勤工俭学，年后开学的第一件事就是到河滩里去采茵陈——此物是一味药。

早春的出行是惬意的，我们排着队，在老师的带领下往河滩进发。春山如黛，酥风拂面，沿途的麦苗返绿，柳枝吐芽，但蒿草还是枯枯的赭色。

渭水冲击而成的河滩地，沙土相和，松软如糕，尤其是在春雨的滋润后，含蓄而蓬勃。大片大片的蒿草丛，像是茸茸的驼队，但是仔细看，它们的脚跟上，却已经穿了绿绿的小靴子。因为叶片上笼了一层白白的霜毛，茵陈的那种绿，就有了羞涩的萌动的美。后来学国画，才晓得可以用石绿与之对应，但它那种茸茸的质感，却极难用语言和色彩去描绘。漫山遍野的蒿草，总是秦岭北麓从春到冬的盛大景象，印证着季节的推演、岁月的荣枯。

茵陈的别称很多，有牛至、耗子爪、田耐里、因尘、马先、绵茵陈、绒蒿、细叶青蒿、安吕草等，属管状花目，菊科。民间多称其白蒿，因为其经冬不死，春时因陈根而生，故名因陈（茵陈）。一入夏，雨水丰足，蒿草长势迅速，株高有时过米，故而百姓也称其茵陈蒿或蒿子。李时珍在《本草纲目》中记述说："白蒿有水陆二种……曰：蘩，皤蒿。即今陆生艾蒿也，辛熏不美。曰：蘩，由胡。即今水生蒌蒿也，辛香而美。……谓其春时各有种名，至秋老则皆呼为蒿矣。曰藾，曰萧，曰萩，皆老蒿之通名……"过去的关中，水泽丰沛，水蒿亦多，但还是以陆生的白蒿最为多见，故而本地民众所说的白蒿，即指陆生。

因为药用，白蒿幼苗颇得民众珍视，但是到了秋冬，白蒿则沦为厨房里的柴火。故乡的白蒿很多，但平时无人采摘，一入夏天，蒿苗速长，到了冬季，竟如一棵棵小树般。在我幼时，乡里缺少柴火，我和母亲常去收割蒿草，冬季已枯的蒿草有些扎手，也不好捆绑，我们拉着架子车，虚虚地装一下，回来没两天，便已烧得一干二净。塞进火塘里的蒿草，刺啦一声，草籽瞬间全无，只剩下稀疏的几个杆，此时想起它幼小时的样子，便有恍惚怜惜之感。

在《诗经》的记载中，白蒿是可用来祭祀的植物，每至春夏，民众便到田野里采蘩（白蒿）。《诗经·召南·采蘩》中便有这样的句子："于以采蘩？于沼于沚。于以用之？公侯之事。于以采蘩？于涧之中。于以用之？公侯之宫。"言明了古代公侯采来白蒿用以祭祀的礼俗。

白蒿农历二月生苗，叶似嫩艾而歧细，面青背白，其茎或赤或白，其根白脆，根茎皆可做蔬。根苗可入药，甘平无毒，补中益气，主治风寒湿痹、夏月暴水痢、恶疮癞疾。中医多采之。

因有药用，民间也便有采食白蒿之习。茵陈做菜，要采嫩苗，老的做药用的，是茵陈蒿。茵陈的吃法不是很多，大抵有焯水凉拌、香炒肉丝、茵陈窝头及茵陈粥。在南方，还有以米粉做茵陈糕、团的习惯。当然，还有人用茵陈来泡茶喝的。

母亲所给我做的，是用面裹了来蒸。茵陈苗长到不足一寸，便可采食，淘洗干净后，撒上面粉，将之拌匀，以面粉稍能裹住蒿叶为宜，甑笆上覆笼布，一刻钟即蒸熟，末了调制蒜水，佐以食用。

早春里，各种芽尖儿是春的使者，也是味蕾对春味的品尝。故而，吃春芽也是咬春，春风春雨润万物，眼前的茵陈、榆钱、槐花、构须、柳芽、漆树芽、扫帚芽……这些在春阳和春雨滋润下柔嫩饱满的芽尖儿，洋溢着食客们对于烂漫春味的无尽想象和满足。

有次在苏州，我喝到一种汤，是用春时的鲜茵陈所做，淡绿的细丝漂于汤面，虽无确味，但触之有感。更重要的是，只要说起茵陈，便能让人想起那早春的田野和煦暖的春阳。

核桃须

农历三月阳春，万花飞叠。

当树叶都舒展开来的时候，果树的花儿也次第落泥。这时候，核桃树的叶尖也在慢慢萌生，核桃也已开花了。

核桃花很腼腆，似乎有些形不示人，很长时间里，我不知核桃须就是它的花朵。那时疑惑，这一条条虫状的物什，不知是派什么用场，就像白杨树的絮条落下来，孩子们将之插到鼻孔里，扮作老翁。

说它是花，也不大能让人相信。因为核桃树极高，花蕾又小，实在没法看见。

虽然家乡的核桃树不少，但知道其须能吃，已经是很晚的事了。师弟家在商洛，说是少年时，每季都会吃到这种食物，做法也很简单。引孩童发生兴趣的，往往是其怪怪的模样，以及对它身体里春野之味的觊觎。

丁酉仲春，数友相伴，到终南去访冬子。此处虽然山浅，但也比关中平原的气候要凉，春天要晚。一路看来，杨树的叶子似乎探头最早，赭黄与草绿杂糅的通透昭示着春日的煦暖，大多数的树木还能看到清晰的枝丫，稀稀疏疏的叶子罩染着丰润的绿色。

我们在杏树下饮茶，随心漫语，冬子突然说，核桃须早可以吃了！于是几人拿了盆，到屋侧的大树上去摘。山里空气好，核桃须很是干净，粗粗的已如小香肠，虽然稍老，但还可以吃。我和红艺兄个子高，跳起来便可抓住树干往下搜，一刻钟工夫，已得满满一盆。

核桃须吃的是筋，并非花。冬子吃过，教我们来捋，就是将须上的花蕾搓掉，只留内筋。我们想到了一个妥帖的字"捋"，那种蜕掉花蕾的轻柔感，让人心生欢喜，几个人一边劳动，一边欢笑着探讨此字的动作，一是此字颇有动感，二是"捋"的动作极其丰富，手指似乎无法锁定在某一个瞬间，轻轻揉弄，欢快异常。一会儿工夫，满盆的核桃花被捋去，只剩了一碗须筋。冬子拿去焯水，须臾捞出，凉拌即成。

在山里吃春野之味，简单而有情味。核桃须的口感比海蜇要柔，植物的纤维在齿间被分解，清香之味淡淡溢出。有个窍门是，调味的时候，用凉开水稀释盐醋，这样不会遮盖核桃须的本味。

核桃须除了吃鲜，还有一种办法，是将其晒干，呈黑色，可以炒肉，亦可做汤，泡水来喝也是很好。我在某店里曾吃过核桃须炒鸡蛋，深褐色的核桃须与嫩黄的鸡蛋相衬，如柴门鲜花，情味盎然。略带筋道的核桃须和柔嫩的鸡蛋入口，真是美妙的口感组合。

核桃须富含磷脂，有益于增强人体的细胞活力，促进造血功能，此外，还能有效降低血脂和胆固醇，预防动脉硬化。遗憾的是，这样的春味却难得能吃到。如今工作繁杂，心难旁骛，每年春来的时候，总是想着外出闲游，赏花观云，但是等到酷夏已至时，才蓦然发现，那些想赏的春花早已开败了。

茴香鱼

在我童年的记忆中，茴香可以长得很大很大，反正比少年时的我要高出很多，而且气味很冲，让人印象深刻。此后，我就没再见过茴香"树"，而是通常在菜市场里瞥见它，不到一尺，码放整齐，有时买来包包子和包饺子，就是为了享受它的那种攘味。

在幼时的我看来，茴香的叶子不像是叶子，倒像是太乙真人的拂尘，或者像是他的胡须，因此总觉得它很飘逸，不是凡胎。可是它的味道在很多人看来，特别是特别，但总感觉不够清正，有些怪怪的。

我虽性情敏感，但对诸多食材的味道却总能欣喜纳之，茴香也不例外。因此，遇着了茴香包子和饺子，总还是要仔细品尝的。

茴香有大小之分，平日所说的是小茴香。在我国古代的《药性论》《千金方》《本草纲目》等药典中，对其药用功能多有记载。其主要有温肾散寒、和胃理气的作用，对于寒疝、少腹冷痛、肾虚腰痛、恶心呕吐等疾病都有良好的疗效。

除了入药，茴香的幼苗也可食，籽儿则是常用的调料。百姓用它包包子、包饺子、泡茶、做汤、摊饼、素炒等，是很好的作料。

两年前的仲春，我在秦岭中的留坝县短住，看见老乡们的房前道边大多植有小茴香，虽然它与花草们种在一起，但它是味料的角色。

我有一种奇怪的心理，茴香细细的叶子，炸起来让人觉得有些心疼。某日，厨师侯晓明炸香椿鱼的时候，顺带炸了两条茴香鱼，说专意让我尝尝。炸好后，我拿起来端详，它比香椿鱼更为精致，裹了面糊糊的身体，经过油炸，更加橙黄，细小的叶子透出面糊，像是掐丝镶嵌的工艺品，而那些未裹面糊的叶子，已被炸干，叶形脆硬。我拿起它，像是拈着一支羽毛，轻轻去咬，香味浓郁。

这样的食物，我是第一次吃，或许也是最后一次吃了，倒不是说以后买不到，吃不着，而是人生的有些遇见，总在特定的时空和场域里，才会显现出其独特的一面。

藿香叶

知道藿香可以食用，是因为留坝县的厨师侯晓明。有一天，我与同学刘勇、付利军等人在他店里喝酒，点了一份鱼汤，味道甚好，问起缘故。他用筷子捞起，说是藿香，然后跑到操作间，拿出一片叶子来，揪开让我闻，一股带着麻香的爨味扑鼻而来。那一盆鱼汤，也的确因为它的加入而别有鲜香。付利军还告诉我，藿香叶可以炸着吃。

藿香也叫合香或者山茴香，是多年生的草本植物，在秦岭的山间多有，因有食用和药疗价值，乡民也常在花圃或菜园里种植。光照充足、温差较大、雨水合宜的陕南山区，是藿香生长的福地。

那天之后，我一直想要找到藿香。

一日晨跑，散步返回，我在沿路家户的花圃里搜寻，遇见老人便问。一位八十多岁的老太太领我到花坛前，将几棵小小的苗苗指给我，看起来出芽不到一周吧，叶片如心，但自身的特征还没有出来。于是再找。另一位七十多岁的老太太领我到她家的花圃边，在几簇芍药的旁边，我看到了藿香，已有半尺多高，叶面柔韧，边缘带红丝，叶尾圆阔，叶尖细巧，黄绿的色泽带着春色。

我还是想吃它，就只为尝个鲜。老太太有些疑惑，给了我几片。

我在想，炸洋芋丝果果的时候，顺便将它炸了吧！藿香叶是单片，因此即便是裹了面，也是很薄，所以对于厨师油煎的手艺要求很高。叶子正反两面在面水里沾了沾，拈起来漂入油里，赶紧用筷子去翻，就这一瞬间，还没看到它的变化，旁边的人就喊道："好了！赶紧捞出来。"于是，一片如标本般的藿香叶被拈了起来，颜色已由绿转黄。

放了一会儿再吃，脆脆的，比海苔厚，那种爨香味还有。

在以前，藿香对我来说只是两个字，不知道它长什么样，也不知道它到底是怎样的香。平原地区，庄稼居多，其他植物较少，生活内容亦显单调。而在山乡之地，植物和动物的种类都要更为丰富，在主粮之外，这些在平原民众看起来颇为奇异的食材，却是他们寻常的生活之味。

花椒叶

花椒不仅可以佐食，椒叶也是一种别样的美味。

在陕南人的味觉习惯里，秦味占三，川味占五，此外，还有楚味和湘味。不管怎么说，花椒总是他们离不开的味料。所以，路过陕南人的门前、田埂时，常会看到花椒树的身影。

仲春时节，花椒叶沐光沾露，姿态招展，椒叶虽不大，但味道实足，在单调的农业生活中，常常成为农家人一道别有滋味的美食。那种冲冲的麻香味，使人一说起，就会唤起舌尖的记忆。此时，花椒叶子未老，味道尚足，要是等到立夏之后，老叶不仅无味，而且也干涩难食了。

在我的老家宝鸡，有几种农人们最爱做的椒叶美食，分别是椒叶煎饼、椒叶锅盔、椒叶花卷和椒叶炒鸡蛋。

我最爱吃的是椒叶煎饼。老家人擅做的，是那种薄软如巾的，在农人们巧妙地拿捏下，面粉温柔的性格和含蓄的本味衬托了椒叶辣爽的任性，糯香异常。田埂上的椒叶味道最浓，采回淘洗，阴置沥干，用刀剁成碎片，然后加到用小麦粉和成的面水里，面水的稀稠以尚可挂住筷子为宜，要想更有滋味，还可加入鸡蛋，但不能多，多了会影响面粉的黏韧感。然后用筷子不断搅拌，使之均匀。一切判断，全赖经验。做椒叶煎饼最好是用平底锅，锅底拭油，文火加热，舀少量面糊倾入，使之徐徐摊开，然后提起锅来，摇晃调整，使面水平匀。约莫两三分钟，一张煎饼即成。和了椒叶的煎饼，不仅视觉上美观，味道更是鲜香。

同样的办法还可用到锅盔和花卷的制作中。在农家生活中，人们总想力所能及地丰富食物的滋味。简单的办法，便是往馒头里加盐、糖、辣椒面和椒叶。如今吃馒头，若不就几个小菜，可能便不好下咽了，但那时的人们，只能干馍独吃。因此，可想而知，这些用来调剂的味料，对那时的人们来说，该是多么兴奋！那是对孤寂味觉的犒赏和慰藉。

到了留坝，我才听说一种奇怪做法：炸椒叶。

要吃炸椒叶，采的时候便可以整丫来摘，自然也无须分拣切碎，稍作冲洗，便可制作面水，小面粉里加上鸡蛋，可使其口感酥脆，再稍微加些盐巴、椒麻料进去，味道会更加丰富。这种连枝带叶的造型在面水里自然挂带不匀而别有韵致。炸的时候，速度的拿捏，火候的掌控，都是难得的经验。我是眼看着侯晓明炸椒叶的，但因为速度太快，也没大看清。盛在盘子里的椒叶，因为有了面粉的加持，形态更加支棱，像是古时富家女子头上的花冠、步摇。而煎炸的过程中，金黄色的油面冒出的泡泡，则像是对它精致造型的赞叹与欢呼。

吃此食时，有一种好奇而又不忍的奇妙心理。在口腔中，椒叶边缘的小刺和叶面炸干的面糊糊会形成微妙的磨砂口感，再加上爽劲的味料，给口腔带来的感觉，就好似一首火辣热情的民间乐曲，让你瞬间振奋。

無竹令人
俗無肉
使人瘦
若要不
俗也不瘦
餐餐筍
燒肉
紅熟云

喬居憎竹

惊蛰

　　春雷响，万物长。惊蛰过后，气温回升，雨水增多。植物与庄稼都迎来了蓬勃生长的时期。这时候，山乡之地的竹笋更是蓄势而发，为人们带来仲春的馨香。正如宋代冯时行在《食笋》中所言："锦箨初开玉色鲜，烹苞菹脯尽称贤。绝能加饭非无补，浪说冰脾苦不便。一日偶无慵下箸，四时都有不论钱。寒儒气味都休问，准拟凌风作瘦仙。"

春笋

　　芍药出苗的时节，正是留坝的农历三月初。这时候，竹笋也在疏松的土壤里蓄足了劲儿，想要以鲜嫩的身体来诠释这清浅的春意。

　　虽说这时已过惊蛰，但对海拔八九百米的留坝来说，春天是不紧不慢的。

　　王友顺带着我们在自家的门口挖竹笋。山是他家的屏障，脚下是清澈的紫金河，河床宽阔，水流缓悠，河水流过的时候，正好在这里打了一个弯。

　　这些在外地人眼里只是风景的山水，对他和村民们来说，却是切实的生活。

　　河边的田垄上，草木丰茂，春色盎然，时不时会长出一簇簇的竹子来，竹子都不粗，有木竹、斑竹、水竹等。这些自然的恩赐，是他们物质生活中的具体依靠。筛子、篓子、篮子、竿子、蒸笼和干檐等，都是乡民的智慧与之契合的技艺结晶。

清明节的前一周，桃花正好，山色泛青。竹笋像是小地鼠，沾带着泥土的清香和春露，滋滋生长，不舍昼夜。

友顺的伙伴是一条狗，叫土狼，前前后后跟着他，在不大的竹丛里穿梭。竹子的根真是让人意外，在远离竹丛、看起来毫无征兆的平地上，都能时不时冒出尖尖的竹笋来。

留坝的竹笋大都细小，只有初夏时所生的家竹竹笋粗若手腕。春日里所生的野竹竹笋以如拇指粗者为多，因此也无需用锄头来刨，只要用手轻轻一拧，便可到手，当地人称"掰竹笋"。

听起来似乎唾手可得，但要得手，却常常需要翻山越沟，这对于攀爬技巧、体能，以及辨别竹笋的眼力，都有着较高的要求。当地人的经验是，笋毛绒密、绿而未绿的那种最宜。他们掰竹笋，大多肩背竹篓，采到的便顺手扔过头顶，一个抛物线，钻入背篓之中。

竹笋带回，需及时剥去笋衣来煮，不可过夜，要不然笋质会变老，不再鲜嫩。大学同学刘勇给我们示范竹笋的剥法：用锋利的小刀削开笋衣的表层，然后用手捏住笋尖，以食指为轴，并用另一只手拨动竹笋根部，不断旋转，笋衣便在与食指缠绕的过程中与笋肉分离了。

新鲜的笋肉真是可人，它的新生，或许可使所有的春色为之失容。那种粉白透黄又泛绿的色彩，微妙得令人心醉，像是玉簪。因此，宋人林洪在《山家清供》里将煮春笋称为"煮玉"。是的，在与各种肉类和菜肴际会之前，春笋需要用沸水来煮。农家人的柴焰铁锅最好，留坝人自己来吃的，通常要煮四五个小时。深沉的铁锅里，白水煮玉，气泡晶莹。竹笋的春香味在清水的促闹下，从害羞转为含蓄，被牛乳似的清气携带着，弥漫于山家人的小屋。

生长于中原地区的杜甫，对南方人的春天充满了羡慕，于是他写道，"青青竹笋迎船出，白白江鱼入馔来"。从传统味觉的节奏来看，春天，是最为细腻、敏感且易于感动的季节。

《东坡志林》中对竹子记载："竹有雌雄，雌者多笋。……凡欲识雌雄，当自根上第一枝观之，有双枝者，乃为雌竹；独枝者，为雄竹。"因为竹子品种以及山体海拔、光照因素的差异，竹笋会在春日里次第而出，从清明到端午，都会成为留坝人餐桌上常吃不厌的家常清味。煮好的春笋，留待吃用的，需要浸在凉水里，每日更换水，便可保存一周的时间。

留坝人享用竹笋的办法，通常有清煮凉拌、盐腌泡菜、干菜和炒制四种。初春时节，口味被禁锢了整个冬天的山乡人，已经迫不及待地想要品尝这自然的恩赐了。因此，清拌和炒制的手法最为多用。清拌的春笋，基本保持了本色，通常无需与其他菜相配，而独自成为一道菜。如果说春笋清拌如同笛子独奏，竹笋炒腊肉则便似铿锵的重金属协奏了。年前制作的老腊肉，以自己的沧桑阅历，等待着素嫩的春笋。一个经过火烤，又历练了风吹和霜落；一个承蒙地养，也蓄藏了水凉与土暖。在冬去春来、阴阳交替的时光里诠释着人间烟火的芳馥。

中国人食笋的历史，在文献里的载录至少已有三千年，《周礼注疏》中说，"加豆之实，笋菹鱼醢"。《诗经》中说，"其簌维何？维笋及蒲"。那是对人们用竹笋所做的菜肴来祭祀神灵和祖先的描述。有一种菜叫"腌笃鲜"，是用竹笋、咸肉和鲜肉来做的，"腌"是指被腌渍过的咸肉，"笃"则是指用小火慢煨，"鲜"是双鲜，几者相合，软语磋商，几可道尽人间美味。经过千肠百转地慢炖，笋与肉的深意都寄托在了汤里，咸、鲜、酥、润，微妙融转，舌尖一掠，便会让你领略什么是温软江南，什么是清雅春意。

无论是在供礼的案几上，还是百姓的餐盘里，竹笋都是经久不衰的味觉绝唱，在诗人的赞叹里，我们亦能感受到这种唇齿留香的清味。杜甫说："远传冬笋味，更觉彩衣春。"苏轼说："长江绕郭知鱼美，好竹连山觉笋香。"扬州生人的郑板桥，更是深解江南的春味，他写道："扬州鲜笋趁鲥鱼，煮烂东风三月初。"扬州出产的时令鲜笋，与春水滋养的鲥鱼相遇，其味之馨，自不待言，作者用了一个"煮烂东风"，便使满纸溢香，令人拍案叫绝！

春笋不仅是肉的绝搭，与素菜也能和谐相处。在《金瓶梅》

第七十五回中，写西门庆回家，吩咐下人上菜，其中有"春不老炒冬笋"。"春不老"是雪菜，也即雪里蕻，挨过雪霜，再经腌渍，在它的身躯里，有着自然与人工的双重赋予，腌菜之辛，微微呛口，与笋略炒，下饭最宜。书中所写，不仅是过眼风月，在当下的百姓餐桌上，仍然滋味绵长。陕南人的酸菜炒笋，即是此味。

《山家清供》里提到"傍林鲜"，就是将挖到的春笋就地来烧。唐代诗人姚合有诗道："就林烧嫩笋，绕树拣香梅。"此食应是很鲜，但未尝过，只能通过文字想象，似有清味飘来。

竹笋味鲜，却稍纵即逝。人们希冀永恒，也正是因为美好大多短暂。因此，在短暂易逝的事物上，人们总是会倾注最为热烈的情感，来表达珍惜与惋叹。

大学同学刘勇，家在离县城不远的小留坝村，每年春日，他七十多岁的妈妈都会去竹林里觅笋，采回清煮，于第二日凌晨背到集市上去卖。天不大亮，这些时令之鲜就要被输送到几百里外的城市，进入市民的餐盘。

近些年，出于护林之策，政府也在限制采笋、制止春笋的大面积交易。因此，在南地人的春味里，笋，更加显现出一种难得的经年之缘。

春分

春分时，昼夜均而寒暑平，正可谓"元鸟归来，陌上花开"。草长莺飞的日子里，花叶舒展，蔬菜出园，正是春意最浓的时候。而诸菜之中，香椿的时令性最强，从山野到餐盘，如春风拂过，使人舌尖一喜，且回味悠长。

香椿

我是个吃饭并不挑剔的人，对于各种食料的味道，也总能欣喜纳之，比如大蒜、芫荽和香椿等。各种食材的形、色、质、味，是天赋自然的菁华所凝，再加上人工之力的精妙烹调，则更加臻美和完善。可惜的是，现在大多蔬果食材，已经很难觅到这种令人兴奋的原味了。

草长莺飞的春日，我喜欢到菜市场里去，在诸多的蔬菜中，我最想买的就是茵陈、香椿、苜蓿和豆蔓尖了。在我眼里，这些蔬菜含带着春日的鲜香气息，同时也会让我忆起童年时的原野，那种明朗而质朴的生活，总与这些蔬菜的味道相连。

直至今日，我还清晰记得自己所降生的那个院落，幽静而神秘，后院连着土崖的窑洞，门口则是茂密的一片树林，其间的树木多样。因此，随着季节的变换，不同的风景也会在门前次第展开，令我童年的生活丰富而有趣。在这些树木中，最先报告春味的就是椿树。

椿树的姿势挺拔，气味引人，皮质光洁，植株很高，孩子们大多只能望而兴叹。对于可以食用的香椿芽，他们充满了好奇，心里的疑问是，那么多的树种里为何只有它的叶子可吃，而且时间短促，如一现的昙花。同时，更令他们纳闷的是，外形相似的一类树木，却有不易辨识的香、臭两种气味。叶臭者学名为"樗"，因其叶臭木疏，为人所厌。因此，在自《诗经》以降的诸多文献中，樗树虽然不绝于目，但都免不了自谦或叹惋的气息。由于质地粗贱，"樗"常与"栎"一起，被用以指代无法成材的顽木，于是也有了"樗翁"一说。这种情绪，在唐代欧阳詹所作的《寓兴》一诗中显露凿凿，诗文里说"桃李有奇质，樗栎无妙姿"。我虽不喜欢臭椿，但也为它不好的名声而叫屈，究其根源，文人对樗树的不屑或许始于《庄子·逍遥游》一篇，假借工匠的口吻，樗栎成了庸人的代名词。但在农人们看来，虽然樗栎难成大器，但用它制作农具，却也有其他木材所不能替代的功用，而且椿树耐干旱，对各种土壤的适应性极强，使得它在北方被广泛种植。

仲春临近，香椿开始散发出幽淡的气息。大人们制作了一种夹刀，用来采撷香椿。夹刀是用小而锋利的镰刀制成的，头部可以活动，配以绳子的牵拉，只需将鲜嫩的香椿芽套住，瞬间便可切下。清明时节的绵绵细雨，让香椿芽出落得玉润而醇香，因为香椿芽采食的周期很短，故而在农人眼里，它比田里自种的任何蔬菜都要珍贵。

香椿大抵分两类，一种是紫香椿，一种是绿香椿。前者叶色暗红，柄干略绿，北方多见，而且紫香椿光泽清亮、香味浓溢、纤维少而油脂多，故受百姓欢迎。相较而言，绿香椿则香味稍淡、油脂较少，故此也种植较少。对于香椿那种扑鼻的香味，喜之者久而难忘，厌之者却是躲之不及。

用香椿做食物，吃法广泛，手法亦简单，总的来说，多是将其作为佐味之菜来对待，因此很少与多种蔬菜相配。将其与面搭配，则有香椿卷、炸香椿、香椿饼、香椿面……善于酌酒者，喜欢将之与鸡蛋、豆腐、虾仁或各种豆类相拌。此外，焯水凉拌的香椿滋味更浓，为善饮者所钟爱。香椿的味道起初并不浓，但是略经简单烹饪，其味则充盈家户，久久不散。因此，喜食者对于香椿的眷顾，基本都是冲着味儿来的，那种辛中带苦的清香之味，吸引着万代的食客。

椿树是我国最早种植的树木之一，食香椿之俗，据说早在汉时即有了，千余年来，北国香椿，岭南荔枝，一直是供奉朝廷的时令佳物。颇富生活情味的苏轼曾在其《春菜》一诗中说："岂如吾蜀富冬蔬，霜叶露芽寒更苦。"说的就是香椿。自古而今，在清明的春雨里，祭祀家祖，采食香椿，一直为百姓所钟情。

虽然如今，很多蔬菜都没了节令的限制，四季可食，但是香椿依然有着极强的时令性。清明时，和孩子去市场买菜，主家告诉有两种香椿，一种是田香椿，一种是棚香椿，前者是生于秦岭南麓田间地头的椿树之上，后者则是蔬菜大棚所植。虽然没了幼时围树而观的兴奋，但对味道还是要尽量保证的。

我最喜欢做的两种香椿菜是香椿豆腐和香椿鸡蛋，简单易行，也滋味可口。用香椿做菜，通常是将其切成碎丁，与豆腐相拌，自然先要焯水，但是速度要快，稍稍入水，待颜色泛绿便可用笊篱捞出。豆腐以嫩的为好，加入香椿丁后，用白醋、食盐及麻油相拌，以略呈酸味为宜。香椿鸡蛋是最为经典的传统搭配了，将比例合宜的香椿切丁，与蛋液搅拌，待油稍热时，入锅略炒即成。

制作香椿菜的工艺，通常简单到不屑用语言来描述。但它浓郁的香椿素味道，却常常令人无法忘怀。在我看来，关中人所擅长的油泼面，更能将香椿素发挥到极致。面最好是手擀面，手揉杖擀，能使面粉在水的调和下更加柔韧和筋道，这样也更能与香椿丁脆爽的口感形成对比。而且与香椿相配，面条不宜太宽，以韭叶面为最好，这是农人们保证口感的经验总结。关中人做面，其味多在臊子，但是香椿面却不必，经过略微焯水的香椿丁，覆盖在温热的面条上，再撒上适量食盐和辣椒粉，油煎后以铁勺泼洒，油落烟出，一股浓烈的香椿味便扑鼻而来，令人味蕾顿张。油泼面，这种工艺极简，但味觉和口感相得益彰的大众美食，其中富含着令人兴奋却难以言表的民间智慧。

几年前的春天，我到泾阳访友，见餐馆里有香椿面，自然作为了首选，老板告诉我，渭北所生的田头香椿，绝不会辜负味蕾对于春天的体验。果不其然，那一碗香椿面是我尝到的最为难忘的香椿美食了，这种简朴泼辣的烹调手艺，也成为我经年不忘的味觉记忆和期待。

香椿可以炸着吃，是我在秦岭中的收获，留坝人称为"香椿鱼"。初到此地的第一天，同学刘勇从汉中赶来，夜间，几人约在他同学侯晓明的馆子里，在留坝县人民医院的对面，曰：壹殿川菜。知我是外地人，侯晓明心领神会，说要做几道家乡的土菜。自然是春笋炒腊肉、玉米凉粉、鱼腥草和香椿鱼。

香椿鱼的做法简便易行，似乎人人皆知。将香椿洗净，保持原形，和好面糊糊之后浸入其中，当然，面水的稀稠很是重要，要能恰好挂住为佳。这面水里，放了鸡蛋、食盐、五香粉、花椒料和味精等。然后热油烧起，快速煎炸，因此，做香椿鱼的办法通常被称为"煎"。

煎是比炸更轻巧而迅捷的一种烹饪手段。

侯晓明虽不多言语，但菜肴的形、色和味，显露了他的慧颖。令我惊奇的是，经过煎炸的香椿尖，薄薄地透出光来，居然能够看到叶形和脉茎，尖儿口感爽脆，根部有面粉的韧度。因而，此菜入了口，我们禁不住会举起酒杯来，因为那种用口腔挤压香椿鱼的脆薄感，就需要用一口酒浆来补充。客观来说，经过面裹、油煎的香椿鱼，香椿素的味道是淡了一些，但那种独特的薄脆口感，却只有初春的嫩叶才会有。

对，有点"霹雳娇娃"的意味！

后来入山，才知道留坝的香椿以野生的为主，而且都是紫香椿。

在陕南，从清明节开始，每日清晨的菜市场门口，都会整齐地蹲坐着卖竹笋和香椿的老人。出于对竹源的保护，竹笋交易会受到政府的查禁，而香椿，每天都会在春阳里迎接喜欢它的食客。于是，在暮春来临的时候，储藏于味蕾之中的真切记忆总会自发地告诉人们："它，想品尝春天了！"

清明

清明

光绪

　　清明，是中国人最富情绪的节令，淅淅沥沥的雨丝里，伴随着不由自主的伤感。可对秦岭一带的民众来说，此时的洋槐花在酝酿着另外一种馨香的惊喜。当这座伟大的山脉被槐花的香气熏染的时候，以花入馔便会成为暮春里最浪漫的一款美味。

洋槐花

　　春日宜游，各地也借机宣传，如桃花节、杏花节、油菜花节和槐花节……种种时令花宴，成为变幻春景里的视觉饕餮。某日，我在一则微信广告里看到这样的句子——"一树芳华，化作满盘玲珑"，说的即是洋槐花。

　　自然中，植物似乎最与季节相关，尤其是在乡下的农业生活里，庄稼草木皆有生命，不同的花叶是季讯的使者，往复变幻，光色缤纷。不像城里，季节有时得靠姑娘的衣裙来判断。

　　每到暮春，最忆是槐花。无论远看还是近观，无论视觉还是味蕾，槐花都让人难忘。槐树有多种，以国槐（土槐）、洋槐（刺槐）、龙爪槐、红花槐、香花槐、金叶刺槐等多见。槐树都开花，花也有多种：国槐花小，米黄色；洋槐花苞略大，乳白色；香花槐和龙爪槐的花苞最大，呈紫红色，也最喧闹惹眼。几者中，以洋槐花最受青睐。

洋槐原产北美，后移植亚洲和欧洲，19世纪下半叶引入中国。因其根系发达，生长快速，宜于荒山、荒滩、沙地及盐碱地栽植，有防止水土流失之用，在中国北方大受欢迎，不足百年，即遍布我国西北、华北和东北的南部诸地。

我的家乡在渭河之滨，渭河南北两岸皆有土地。近水的田土质地松软，易于流失。因此，广植洋槐就成了固土保田的有效方法。除了村庄里有不少洋槐，渭河南岸更多，东西十数里，是密密匝匝的洋槐林，田间地头更不消说。冬天里，洋槐树乌漆漆一片，没有生机，甚至让人忽略它们的存在。可是一到春日，洋槐林逐渐被绿色渲染，直至槐花挂满枝头，那里便成了热闹的世界，花的海洋。

在诸多槐花中，洋槐花开得最早，香味最浓，也最可口，但是花期却短，让人不舍。起初，洋槐花苞体如豆，呈幽绿色，在翠绿的叶片中并不显眼，但随着雨水的滋润，便如丰润的少女，衫儿也裹不住了，那么晶莹玉润，诱人心魄。槐花的香气，想必很多人都领教过，尤其是在微凉的春夜里，才知晓什么叫"花香袭人"。一树槐花，可以熏染数十米内的空气，花气流香，随风荡漾。

暮春时节，采食槐花为一大胜景，至今不衰。因为洋槐多刺，不能攀爬，多要依靠自制的夹钩来采。夹钩的制作也不难，在两三米长的木杆端顶固定铁丝，双股折绕，扎绑牢靠，形呈"U"状，其弧度间距以能卡住槐树的枝条为宜，钩槐花时，用口端向下的"U"钩拽住枝条，再转动杆柄，将其拧断，槐花即可到手。

秦岭一带，食槐花是体尝春味的普遍行为。秦岭以北的黄土塬地上，色彩的变幻要比南国剧烈，冬天里，赭黄色成为单一的色调，因而人们更加珍惜来之不易的春绿，更莫说自然所赐的各种花朵了。槐花开时，已近春末，采食它的酣畅或许是人们挽留春日的肆意表达。

花开半苞，香味初溢时，槐花最宜食用，生吃或烹饪都可。"吃花"让人有一种奇妙的心理。在诸多食材中，花头可食的并不多，浓浓的香味，令人既感诱惑，又有怜惜。槐花未开时，花衣紧裹，其形如月；待稍开后，花瓣如伞，徐徐打开，像是万千仙子，凌驾于云端。白莹莹的花瓣，在蓝天和绿叶的映照中，剔透而清润。再加上花瓣内壁根部泛出的黄绿色，槐花像是自然之手精雕的艺术品，让人心醉。只是槐花太小，总让人忽略了它优美的形态。

秦地一带，属渭河两岸的槐花开得最早，其次是塬地地带，再次是秦岭的南腹，然后是北麓的阴面。从初春开始，油菜花、杏花、桃花、梨花、樱桃花和槐花，次第开放，招蜂引蝶，蜂农们则随花事迁移，忙于营生。槐花蜜是自然的馈赠，属蜜中上品，纯净的蜜汁，色泽白中透黄，质地浓稠，不易结晶，入口时，清淡的槐香令人有乡野的田园之感。常食槐花蜜，亦有去湿利尿、凉血止血、舒张血管、降脂稳压、预防中风、解毒润燥的妙用。蜂蜜自有其好，但在大多数人看来，还是过于抽象了，失却了花朵的视觉美，新奇之感也自然会打折扣。

因而，用槐花做饭，无疑具有直接的自然之美。

对秦地一带的大多数小孩而言，槐花麦饭是不陌生的，即便是在城里，槐花也是菜市场里必有的时令蔬菜，而且在人们的心念里，槐花恐是当今最为天然而不做手脚的食材之一了。

清拣槐花需要耐心，要把杂叶和花茎一一挑出，只留花头，洁净的花头盛在盆里，素净的色彩最为可人。稍用水洗即可，多了反会滤掉清香，淘洗时，不能过于用力，而是轻轻拨弄，以免伤了花头，溺水进去，影响本味。洗净的槐花可在篦子上控水，令其稍干，然后撒入面粉，面粉与花的比例在 1∶5 左右，这是蒸菜的基本惯例。面粉多了，就会成为面疙瘩，令槐花失味，若少了，槐花经过烹蒸，又会发黏，不够筋道。我的经验是，拌面时，在水中加盐或以桂皮、八角、茴香等熬煮的汁水，味道自是很好。拌好的麦饭置于笼布上，入锅烹蒸，大约十分钟，槐花与面粉混合的香味便会溢出，与自然的槐花相比，这种味道更为沉稳，饱含着人世生活的温暖气息。

出锅后的槐花麦饭，稍作冷却，即要将之散开，面粉拌得好，槐花的形状大体还在，如同一颗颗小的雕塑，这是最令小孩子欢喜的。但是一颗颗地吃并不得法，而是要大口地咀嚼，这样才能体会到槐花的轻柔和面粉的韧劲。大人们吃时，喜欢配汁水，通常的做法是取新蒜数枚，将其捣碎成泥，再用熟油泼洒，然后以红醋、酱油和香油调配，吃麦饭时，用小勺将汁水淋洒于其上，稍加搅拌，滋味袭人。

麦饭简便易行，又不遮槐花形味，因而最为普遍。稍微复杂的，还有槐花饼。做此饼，最好用未开的槐花苞，洗净后撒面粉于其上，加盐拌匀，湿度要比麦饭稍大，然后取适量于掌心，以含蓄之力揉握成团，再压制成饼。然后在平锅内注油，烧至微热，将槐花饼轻入，文火煎炸，这时一定要控制油温，并观察饼面颜色，适时翻弄，以呈微黄色为宜，约五分钟后，槐花饼即可出锅。槐花饼的大小薄厚要适中，内嫩外焦是其特点，在齿间，干脆的表皮与柔韧的槐花形成触觉上的互补，美不可言。

在百姓的厨房里，用槐花做菜的招数还有很多。如槐花炒蛋、槐花炒肉、槐花粥，还有槐花酱和槐花鱼。槐花鱼在长江流域多见，并不是秦地人所擅长的，此菜是清蒸的，鱼以鲫鱼或鲤鱼最好，其肉质细腻，易于和槐花的香味中和。想来应是很美，我却没有吃过。至于槐花酱，对于生活粗朴的秦地人而言，做得就更少了。

槐花干菜倒是秦地人爱做的，做法亦简单，选用半开的槐花苞，洗净焯水，捞出晒干，完全去掉水分，就可以长期保存了。这种风干的槐花，本味自是淡了不少，有趣的是，口感很是筋道，而且，在春日远去的季节里，也能随时满足孩子们的嗜好，用来炒肉、做汤、蒸包子都可。

时令食材是伴随着自然记忆的美味，它可以撩拨起让人翘首期盼的急迫，也可以调动起人们对时光流逝的不舍和感伤。

槐花盛开时，绿色越来越浓密，也愈来愈单调。它告诉人们，夏天就要来了！漫山遍野的槐花啊，是春天将要离去时的盛大仪礼。

近年来，秦地雨水充足，槐花也开得很盛。在春日里远行，槐花往往是最为热情的嗅觉宣示。尤其是在绿荫里，清醇的花香让人心醉。某日，一位远在贵州的同学，禁不住槐花的香气，发来一首行吟的诗句，录在文尾，用以怀想这让人魂牵梦绕的槐花吧。

是谓："樱华欺海棠，尤逊野槐香。苗岭不择地，阳春尽吐芳。风吹摇玉树，雨落冷乌江。孰道扎根苦？此中诗意长。"

谷雨

谷雨　老桥

　　雨水足，谷竞生。暮春时，气温渐升，稼穑飘香。菜园子里，
茼蒿、蒜薹、芹菜、菠菜等家蔬一一俱应，农家人的餐盘里洋溢着
成熟的绿色。民谚说，谷雨前后，种瓜点豆。此时，正是人工蔬菜
培育的好时候，丝瓜、冬瓜、生菜、茄子、豇豆、小白菜等，这些
百姓熟悉的蔬菜，将会在夏季里奏成味觉的协奏曲。

树花菜

位于秦岭南麓的镇巴、佛坪等县，有一种特产——树花菜。

此物虽与云南的树花菜同名，却形态殊异。云南的树花菜是寄附于深林树木上的一种真菌类，但镇巴的树花菜却是一种野生灌木。早春时节，白花如豆，形似珍珠，于是当地人也将其称作"珍珠花菜"。

油菜花盛开的季节，秦岭南麓春香满山、大地流金，这时候，在绿色初萌的环境里，树花菜显得更为绰约、清丽。乡亲们也开始采摘树花菜的鲜花和嫩叶，作为尝春鲜的牙祭。

树花菜属落叶灌木，常生于山坡路边或溪谷间的灌木丛中。植株很高，可达三米。树花菜的叶子较小，复叶对生，呈椭圆形或椭圆状卵形，叶子两面的脉上疏生细毛。所开花朵，有时白色略黄，圆锥花序顶生，香味芬芳。树花菜花期有半年之久，但只有春天时的鲜嫩宜食。

这种长相姣好的花木，当地人还给它取了个朴实的土名——省沽油，这其实是和树花菜的种子有关。古时候，人们发现树花菜的种子可以榨油，除了食用，还可作为照明的燃料，于是便有了"省沽油"的名称。不得不说，这种感恩式的称谓，总是让人觉得有些油腻，不像"树花菜"，似乎带着淡淡的一丝香气。

树花菜是雌雄同花的植物，亦即两性花——每一朵花头既有传粉的雄蕊，也有授粉的雌蕊及柱头。镇巴的树花菜，开花稍早于长叶，花期过后，果实渐生，会结出一串串膀胱状的果实，前端呈三裂状，像是小囊袋，明亮光洁。

采摘树花菜是掐取嫩的带花的尖儿，含苞未放的最好，花开的次之，采回去焯水，沥干便可食用。这种树花菜，可以鲜吃，也能做干菜。鲜吃者譬如凉拌，无需用刀切段，连着花叶，一起放入水中略焯，过了水的树花菜叶子会更绿，而花苞的色泽略暗，但是白绿相合的清丽之感还在。我觉得虽然似乎单调了些，但这道菜其实更与春天的味道相连。吃植物与食动物是完全不同的两种心态，前者的形若是完整，才更能感受到与自然的亲近，但是后者则需要破除动物形体的完整性，才能消除内心的罪孽感和恐惧心。

树花菜还有包裹起来的吃法，譬如包包子、包饺子。鲜嫩的树花菜焯水后切丁，与鸡蛋、香菇、木耳、猪肉或豆腐等相配，拌成馅儿。如此做成的食物，其实已经失去了树花菜的特征，再强大的想象力，可能也不易复原出树花菜与春天的关联了。

生活在关中平原的我，总是在不及筹划中错过与春天的亲密相会。至于秦岭里更美的风景，更多只是想象与向往，藏在深山里的树花菜，自然是难以品尝的。后来知道，汉中的佛坪也有此菜，便有了冬季里的一次旅行。

佛坪是位于傥骆和子午古道上的一个山区小县，只不过，现在从西安坐高铁，仅需四十多分钟即可到达，便捷的交通使满足味觉的好奇成为可能。

用树花菜炖猪肘、土鸡或者烧鱼汤，都是佛坪人喜欢的。尤其在秋冬季节，用带有独特香味的树花菜与肉类慢炖，会带给食客们全身心的温暖与馨香。

那是一家并不养眼的店，桌椅已有些包浆，不仅从店内的陈设，还有从店家那并不热情的自信，也能让你觉得不虚此行。因为天气冷，自然是点了树花菜炖土鸡，言语刚出，我的头脑里就迅速勾画出了砂器里嘟嘟冒泡的情景。

此菜比较慢，当然是要点些小菜来下酒，白酒热上，看着门外踽踽的行人，用小瓷盅来饮，便有一种心在红尘，但又置身事外的恍惚感。

推杯换盏间，树花菜炖土鸡上了桌，佛坪的花菇、木耳与树花菜，让鸡肉的浓香更加绵厚，舀起一碗汤来，酒的烈味便为浓汤的醇厚而让位。树花菜的香味温情而含蓄，在与鸡肉的厮磨中，它更赋予了浓汤以缠绵的味觉魅力。

　　春天的树花菜我没有尝到，但却与之在冬日里相遇，跨越大半年的时光，树花菜也因风、阳光与温度而增加了阅历，这样的树花菜不再是青衫少年，而是能与沧桑对话的智者。咕嘟咕嘟冒泡，袅袅香气升腾，在树花菜里，庋藏了从春到冬的味觉密码，等待着食客们的用心品尝。

山南有片地 臨小溪
溪水不常有 家母
植草莓一畦 每
仲夏之交 芳草
鮮美 山櫻桃与之
頗可解頤

丁酉 紅藝

抱山居

立夏

立夏

老憍

  春花谢尽,万叶葱茏。当白杨树飘起絮子的时候,"蝼蝈鸣,蚯蚓出,王瓜生,苦菜秀",乡间田里,瓜菜渐次成熟。蚕豆、豌豆、蒜苗、空心菜、苦瓜,以及樱桃、杨梅、桃子、桑葚等果实,便成为人们调剂身心的好食美味。

神仙粉

　　立夏前后，秦岭南麓会出产一种特别的清味——神仙粉。虽然听说过很多年，但因无缘前去，也便没有尝过。这种略含神秘的期待，也为此食名称的仙逸感增添了缥缈的意象，我那时觉得，是不是此食具有一种化魂的神奇功效呢？要不然，怎么会叫神仙粉？

　　其实，这都是从字面臆猜的错觉，现实的情况是，此食是饥饿的产物。

　　神仙粉也叫观音粉，或观音凉粉，之所以以观音或神仙来命名，是出于百姓对神灵赐食的感恩。因而，在有此食的地区，也都流传有近似的传说：很久很久以前，人间发生灾荒，庄稼颗粒无收，难民无数，饿殍遍野。观音菩萨悲心大起，遂用柳枝沾露，点撒人间，于是大地上冒出了簇簇绿树。然后，观音菩萨又教民妇采摘树叶，用其制作出块状的膏状食物，助其渡过灾荒。百姓为表感恩，遂将此树称为观音树，该食也称为观音粉。

百姓所称的观音树学名豆腐柴，是一种多年生的灌木，分布于海拔一千三百米以上，在背阴的山洼处多见，其树高约二尺，枝条丛生，叶表光滑，叶背有绒毛，泛银光，这种物质正是做观音粉所需的材料。农历三月仲春，观音树开始出芽，到春夏之交时，其叶可长到铜钱大小，就可以采摘做食了，这种食物爽滑的口感和性平的功用正与夏日的气候相得益彰。

每年这个时候，李老太比其他人更加迫切盼望着立夏的到来，她想给自己的孙子做几碗观音粉，虽然市场上也有得卖，但是她相信自己亲手所做的食物，会更适合小孙子的胃。她带着孙子，将这种食物的来龙去脉一一呈现，相信他会在味道之外更加懂得食物，懂得亲人的情感和生活。

李老太已经七十岁出头了，儿子儿媳外出打工，带走一个大的在城里上学，一个小的留下让她看管。她觉得这样也好，不至于过于孤独，因此，她和老伴儿总与孩子形影不离，自己童年吃不好，总想现在都给孙子，她比儿子儿媳更加疼爱孙子。她熟知观音树的成长，但是每次上山，她还是会察看观音树的叶子，那是她太在意孙子的味蕾所致。

立夏前三日，李老太又上山了，用背带背回来好多叶子。孙子搬来小凳，坐在一旁观看。李老太先是摘去叶柄，再用清水将叶子稍稍淘洗，然后放在烧箕里晾晒沥干，再将之倒入大铁桶中。老伴儿在屋里烧水，烧开稍凉一会儿，用盆端出来倒入大铁桶中，帮助李老太搅拌，一直用力搅拌到有阻力感为宜。这是力气活，对于年岁已高的他俩来说，并非一件轻松的事情。老伴儿边倒水，李老太边用木棍搅动，两人相商着水的多寡，大约二十分钟后，汤水呈现稠糊状。在此过程中，叶汁不能接触金属物，否则就会产生化学反应而变味。这时，老伴儿拿来了网罗，用它过滤叶渣，一边过滤一边用手按捏，然后再将过滤后的叶渣反复按几次，直至按到没有黏稠感为止。绿色的汁液顺着网罗流淌下来，滴在搪瓷盆里，浓稠的汁液需要再沉淀，两小时后，下面的汁液已凝结成了稀软的果冻状，倒掉上面的清水。接下来，需要再往里面倒入冷水，使之冷却，并每隔两小时换一次水，直到稠膏状的汁液渐渐变硬，就可以用刀来切了。冷却成形的观音粉是如墨玉一般的暖绿色，隐约半透，弹性如魔芋，但比其更细腻。刚做出的观音粉会有一股涩涩的苦味，需用流水去冲，使苦味变淡，这个环节通常需要四五个小时，可根据自己的口味调节时间的长短。

　　虽然目睹了观音粉的制作过程，但我颇感神奇的心理依然没有消淡。通常的食物，我们都能从视觉上直接判断它作为食物的存在样态，而观音粉，对于不熟知它的人而言，确实很难将之与用树叶做成的淀粉相连接。因此会有人想，若没有仙人指路，人们怎么可能发现如此神秘的食物呢？与其说是自然所赐，毋宁说是神仙所赐吧！

　　观音凉粉是秦岭山民常吃的凉拌菜，可以切块，也可切条，不论是怎样的形状，其韧度都可以保证。吃之前，需要将切好的观音粉在开水里氽一下，须臾捞出。凉拌时以适量的麻油、鸡精、食盐、红醋、油泼辣子和蒜末调成汁水，浇在其上，然后再撒上野葱末和芝麻等。

　　离开留坝的那一日，与众友到留坝县城的东关去吃石头鱼，老板是当地的老饕，各种标志性的土菜自然都上了桌。观音粉的出现，算是圆了我多年的梦想，也弥补了我对留坝食味的遗憾。对于第一次吃到的食物，我们常常会怀有敬畏和好奇，我轻轻夹起，且观且尝，观音粉给人的口感常常大于味觉，唇齿相触，弹松有度，柔中带筋。

　　夏季里食用观音粉，不仅可以清火消炎润肠胃，也可防暑降温去内火，它富有人体所需的多种氨基酸，因此颇受山民和游客的喜爱。无论是农家自吃，还是在待客的餐桌上，观音粉都不是让人饕餮的角色，尤其外地的食客，总是要情不自禁地细细琢磨，生怕这微妙的口感一闪而过，未被捕捉。虽然此食其貌不扬，却也清新脱俗。在人们的心念里，一是它含带着春日的清味，二是它沁润着山野的深幽气息。当它与舌苔轻触时，不仅有着对自然之味的体尝，也还有人类寻食时的万般惊讶吧！

小满

夏吃豆胜
似肉挹岂佳
红药云写
枉长安

小满

　　小满时节，麦粒足浆，稻田插秧。"小满吃苦，夏不中暑"，草木的恣意昂扬也印证着中国人的心思与哲学，收获前的欣喜里也潜藏着谨慎与忐忑。故而，苦瓜、苦菜、苋菜、灰灰菜等摆上了餐桌。清苦的味道是对身的滋养，也是对心的提示。

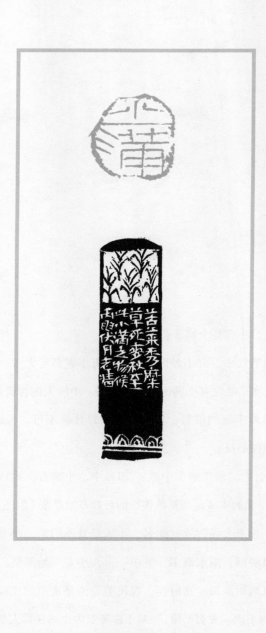

苦菜

有人说，小满是个富于哲理的时节。

因在诸节气中，有小暑即有大暑，有小雪必有大雪，有小寒所以也有大寒，唯独有小满，却没有大满。中国人的含蓄与克制，留给了小满对丰足的敬畏。在他们看来，凡事不可"太满"，太满则亏，物极必反。

《月令七十二候集解》中载："四月中，小满者，物致于此小得盈满。"小满的本义是指夏熟作物的籽粒开始灌浆，但还未成熟，小满而已，远未大满，故有此名。小满是夏季的第二个节气，这时候，气温暖潮，雨水渐多，关中一带，小麦开始灌浆，颗粒浑圆，绿色也渐而添黄。这时候，农民关心的是地里的庄稼，有农谚说："小满不满，麦有一险。"对于以务农为生的庄稼人来说，小满非常关键。小时候，我曾跟着爷爷在麦田里检查麦穗。暴风雨过后，和父母在田地里用手去扶躺倒的麦子。农人与庄稼的关系，不仅是切身的利益所关，更有切实的情感，他们心情的转换也印证着节气的往复循环。

在关中，小满与小麦的精气神相关联，扬花过后，麦浆充盈，株姿昂然，农人们也就到了最为谨慎的时节。农历四月初四，我们村照例举办每年的古会，村道上摩肩接踵、熙熙攘攘，农人黝黑的脸庞上透露着集体性的期待和紧张，这是他们在麦收前的一次盛大聚会，购置农具，迎接农忙。

庄稼的生长状态，牵涉着农人的心理状态。欧阳修所写的《归田四时乐春夏二首·其二》一诗，为我们描绘了小满时节的农家生活，是谓："南风原头吹百草，草木丛深茅舍小。麦穗初齐稚子娇，桑叶正肥蚕食饱。老翁但喜岁年熟，饷妇安知时节好。野棠梨密啼晚莺，海石榴红啭山鸟。田家此乐知者谁？我独知之归不早。乞身当及强健时，顾我蹉跎已衰老。"农家的生活是由自然支配的，人们的视角也总是和庄稼、植物及天气密切相关。在农人的心念里，庄稼是他们一年里的宿命寄托，也是他们与自然休戚与共的价值体验。

周末时，我和母亲坐船，渡过一河粼光，到滩地里去，那里有成片的果园需要疏花。暖阳高照，蝴蝶翻飞，忙碌中的闲话高语，寄寓着农人们最具体的欢乐。

果树下，满是丰草和野菜，其中，苦菜长势正好。正如民谚里"小满三候"的说法："一候苦菜秀，二候靡草死，三候麦秋至。"小满前后，气温升高，风干易燥，人体也易伤阴损津，难免出现"热症"。于是，大自然在苦菜的身体里皮藏了平衡的秘密。这时候，食素吃苦宜于身体的调节，《本草纲目》里也称："夏三月宜食苦荬，能益心和血通气也。"因此，全国各地都有小满时吃苦菜的食俗。农业社会里，人们在日积月累中的具体发现，也被现代医学所证明，苦菜富含蛋白质、脂肪、胡萝卜素、维生素、甘露醇、生物碱等十几种营养物质，性味苦寒，有安心益气、清热解毒的功能。

　　苦菜易于生长，南北遍布，医学上叫它败酱草，宁夏人叫它苦苦菜，陕西人叫它苦麻菜，李时珍则称它为天香草。

　　渭河的沙滩地，疏松透气，草木丰茂，苦菜长得尤其好，远远望去，密密匝匝，如同绿毯，以前踩在脚下，视为多余，用锄头锄掉，也毫不怜惜。某日，母亲说它可以吃，我才惊喜地喊叫起来，原来这不是草地而是菜园子啊！

　　苦菜的叶子基部呈楔形，边缘有锯齿状的粗芽，阳面暗绿色，背部稍淡，叶茎呈红色，诸叶对生，呈常羽状深裂，顶生的裂片为卵状，或者状如披针，从顶端开始渐尖，有粗锯齿，两面有毛覆盖。

　　野菜很肥，几乎不用换地寻找，足足一笼，兴满而归。

母亲做苦菜很简单，就是焯水凉拌，但是，时令里的野味，越是简单，才越能显现出其本味。那次的苦菜，即便是数十年后想起来，似乎喉咙里的清味还在。苦菜的好吃，在于其苦，这是恰好的自然时令赋予它的本味和脾性。

凉拌的苦菜是就着馒头和苞谷糁来吃的，黄、绿、白三色，清新而纯粹。酸酸的农家醋更是衬托和激发了苦菜的涩味，这种苦令舌尖萦绕，味蕾回味。

苦菜的另一种做法是蒸疙瘩，这也是关中人最为自然和擅长的手段，不仅是凡有叶子或开花的蔬菜，甚至剥了外皮的菜疙瘩，关中人都可以用来裹面烹蒸，譬如茵陈、榆钱、洋槐花、红薯叶子、萝卜缨子和蒜苗，以至茄子和土豆，关中人都能将之捣鼓出别样的面香味道来。

如今，苦菜的吃法真是花样繁多，随便在网上一搜，都有几十种之多，凉拌不消说，还有糖醋、清炒、麻酱、酱汁，或是包包子、包饺子，还有用其来做汤，以及与鸡蛋、虾仁、红豆、豆腐等蔬菜相炒，因为没有吃过，不知味道如何。但面对食谱，总有一种跃跃欲试的冲动，无奈的是，其他蔬菜简便易购，苦菜却是很难找到的。

其实，苦菜我也未吃过几次，但味蕾犹记。

我们之所以怀念过去的岁月，是怀念生活与自然的亲近与契合，怀念人心的单纯与安稳。不像现在，蔬菜大都反季节了，我们不清楚什么时候开什么花，也不清楚什么时候会有什么菜，一年四季，物产俱丰。外表光鲜的蔬菜，却不具有原该属于它们的本味。而人心，比气候的紊乱还让人无所适从。

鱼腥草

在南方，鱼腥草甚是普遍，但不是大多数人都能接受它怪异的气味。第一次吃鱼腥草，是在贵州，凉菜里，此菜似乎是必点的，紫紫绿绿，形状有点像小版的红薯缨子，夹一口，让人有点难以接受。

我自认是"厕所脸"和"农民嘴"，前者是陈晓卿在访谈节目里说的，意思是说，遇到路人打问厕所，询问概率高的那种人即为"厕所脸"，他就是这样的老好人。"农民嘴"则是指吃饭不挑食，吃嘛嘛香。其实，以我的生活经验来看，两者似乎是有点相通的，不挑剔的和气者，往往如此。单调困顿的农家生活，需要与之匹配的"农民嘴"。但即便是这样，"农民嘴"也不是事事都能接受。

我是有点强迫自己去接纳鱼腥草的，其初衷就是遍尝百味。鱼腥草的气味是鱼腥味和草腥味的结合。我的家乡在渭河之滨，除了旱地之外，稻田连畴，沼泽数里，鱼腥味和草腥味也是熟悉的。因而对于鱼腥草，并不完全陌生和排斥。

有一贵州朋友，曾带给我自家做的鱼腥草腌菜，让我醒酒，因此，鱼腥草的味道慢慢也就接受了。

鱼腥草学名蕺菜，百姓也称折耳根、狗贴耳、猪鼻孔、臭茶、臭灵丹等。《本草纲目》记载："蕺菜生湿地山谷阴处，亦能蔓生。叶似荞麦而肥，茎紫赤色。南山、江左人好生食，关中谓之菹菜。"

2020 年春，我到留坝县与众友去采香椿，那时候香椿已老，鱼腥草却嫩，当地人指给我们，于是才知道了它生长的环境和样子，也知道了我们常吃的大多是鱼腥草的叶子，其根也是很好的食物和草药。常食鱼腥草，有增强免疫力、抗炎抗病毒、利尿排毒等药能。《本草纲目》中就记载了鱼腥草有"散热毒痈肿，疮痔脱肛，断痁疾，解硇毒"等功效。因此，将鱼腥草焯水凉拌或泡水来喝，就成了百姓们益身健体的生活选择。

鱼腥草的成熟期是农历八月至次年三月，夏秋为主要采挖期，这时候，带根的全草可以整株挖取，根、叶分而食之。

陕南人有以鱼腥草当茶煮或泡水饮的方法，通常是采摘春夏之交新鲜的鱼腥草。而阴干后的鱼腥草，腥味稍淡，微发芳香，加水煎煮时会散发一种类似肉桂的香气，稍煮即可，煎汁则近似清淡的红茶汁，芳香中稍带青涩。

在川地火锅中，鱼腥草是一道特别的涮菜，因为火锅滚烫火辣，搭配点鱼腥草，刚好可以平温降火。

新鲜的鱼腥草最适合的吃法莫过于凉拌，这样既能保持鲜嫩爽脆的口感，还能保留其完整的营养成分。除此之外，清炒鱼腥草、鱼腥草炒鸡蛋、鱼腥草滚汤都是简便易行的好吃法。

灰灰菜

灰灰菜的学名叫藜，也称灰菜和灰蓼头草，多生于田间地头、路边屋后。

灰灰菜真的有些灰头土脸。我觉得它的俗名如此恰当，而又有点为之叫屈。它不像苋菜，虽然沿路也有，但是田野里更多，再加上喜水好光，叶面丰厚而润泽。但是在我的印象中，灰灰菜总是一副低眉而落寞的样子，极易被人忽略。因此，在《韩非子》里，便将粗劣的饭菜称为"藜藿之羹"了。

小时候，我想吃灰灰菜，母亲不答应，说它有一股土腥味。我便等雨住了去采。沐雨后的灰灰菜真美！这种美可能源于我的主观对比吧！就像个不讲卫生的流浪儿，将其洗干净，才会发现他如此让人怜爱。灰灰菜的叶子不大，但枝条很多，枝条有细棱，略呈微红，与其青绿的叶子相配，真是雅致。更让人觉得有趣的是，它的叶面上会有一种晶状粉末，肉眼看不大清，但用手指去触，却是柔柔有感。

灰灰菜性味甘平，以药用的价值来讲，具有清热、利湿、降压、止痛、杀虫、止泻等功效，若是配以野菊花煎汤外洗，则可有效治疗皮肤湿毒以及周身发痒之症。另外，灰灰菜含有挥发油、藜碱等特有物质，还能够防止消化道寄生虫、消除口臭、预防贫血、促进儿童生长发育。但是大人们也说，茎干和叶发紫的灰灰菜不可多食。这也可能是母亲不让我吃的原因吧！

采灰灰菜时要掐尖儿，但掐掉后还会很快长出来，这也是人们喜欢它的原因。

我们是如何感知时光的呢？最直接的就是生命的变化。时令就体现在植物生命的变化。有时我们又这样想，我若不去采灰灰菜，它还是会老，然后在风霜中枯萎、死去。因此，我们感谢它，是它们用身体的清味告诉了我们自然的轮回。

焯完水的灰灰菜很绿，它变了颜色，柔顺而哀婉，但又清丽，或者说，比它活着的时候更好看。灰灰菜惯常的做法是，用蒜水凉拌。在农家餐馆里，很多人都会想起灰灰菜，它似乎成了乡野的一种表征，被油水堵塞的肠胃、被名利腌泡的精神，这时候需要它。讲究的人家还会给它拌上杏仁，清爽的绿色与青白的杏仁拌在一起，真是可人！柔软的叶子里，少不了灰灰菜的茎干，那种咀嚼感使人难忘。

过了这个时候，我相信大多数人都会忘记灰灰菜，就像人们的目光永远眷顾十八九岁的年青人。

灰灰菜最好的年华也就暑天时那一阵，很快就褪色风干，生命枯竭。

一年冬天，我和母亲去割柴，一株植物，近一米高，我拿铁镰砍它不动，便随口问了一句："这啥啊？"

母亲说："灰灰菜！"

苋菜

盛夏，是苋菜蓬勃的时节。躁蝉高语，瓜豆蒂熟，玉米也刚刚没过膝盖，当关中平原上掀起绿色波浪的时候，苋菜便成了这绿野中的一员。

在渭水之滨的老家，苋菜长得既肥且美，尤其是在植株不高的庄稼地里，它最能接收阳光的哺育，甚至可以长得如一棵棵小树。在很长时间里，我并不知道苋菜的学名，只知道老家人将其唤作"人汉菜"，从我记事时起，老家土地上所生长的各类时令野菜，都悄然成为滋养和调剂农家生活的意外收获。

苋菜是贱而自养的蔬菜，大江南北，皆有生长。尤其在雨水充沛的南方，苋菜会长得更好。由于区域相差，民风各异，各地对苋菜的民间称谓也有很多，诸如雁来红、老少年、三色苋、凫葵、蟹菜、荇菜、红蘑虎、云香菜、云天菜、玉米菜、寒菜、人青和汉菜等。古时，人们已按苋菜叶子的特征，将其分为白苋、赤苋、紫苋和五色苋等种属。李时珍在《本草纲目》中说："苋并三月撒种。六月以后不堪食。老则抽茎如人长，开细花成穗。穗中细子，扁而光黑，与青葙子、鸡冠子无别，九月收之。细苋即野苋也，北人呼为糠苋，柔茎细叶，生即结子，味比家苋更胜。俗呼青葙苗为鸡冠苋，亦可食。"从这样细致的记载来看，苋菜对人们的生活而言，该是多么自然和熟悉。

　　在民间，苋菜亦被称为"长寿菜"，数千年以前，人们已经熟悉了苋菜的药用功能，他们发现，常食苋菜，有补气、清热、明目、减肥清身、促进排毒、防止便秘的作用，而且对牙齿和骨骼的生长也会起到促进作用，同时还能维持正常的心肌活动，防止肌肉痉挛，具有促进凝血、增加血红蛋白含量并提高携氧能力、促进造血等功能。更为神奇的是，苋菜叶作为外用药，也有不少特别的功效，如小儿紧唇、膝疮瘙痒、蛇咬伤以及蜈蚣、蜜蜂的蜇伤，用苋菜叶捣汁，或饮或擦，都有疗效。我的体验是，小时候拉肚子，母亲就用醋熘的苋菜，再加上多量的大蒜让我服用，一两顿即可治好，十分神奇。

在南方，暑日的餐桌上，苋菜必不可少，尤其是端午节，有些地方讲究吃"五红"。"五红"指的是烤鸭、苋菜、红油鸭蛋、龙虾和雄黄酒。在汪曾祺的文章里看到，高邮人端午要吃"十二红"，该餐有四碗八碟、四冷四热之说，"十二红"都是些用酱油烧红、拌红或是自然红的菜肴，其中的四热里，就有炒苋菜。

于是，想起郑板桥的一对联句："白菜青盐苋子饭，瓦壶天水菊花茶。"

张爱玲对苋菜的描写更是细腻而明丽，在《谈吃与画饼充饥》一文中，她记述了自己在上海与母亲同住时的餐饭细节。文字是："苋菜上市的季节，我总是捧一碗乌油油紫红夹墨绿丝的苋菜，里面一颗颗肥白的蒜瓣染成浅粉红。在天光下过街，像捧着一盆常见的不知名的西洋盆栽，小粉红花，斑斑点点暗红苔绿相同的锯齿边大尖叶子，朱翠离披，不过这花不香，没有热乎乎的苋菜香。"

依视觉来看，赤苋或彩苋都更赢人，张爱玲只用四个字——"朱翠离披"，便已十分贴切，这种自然的红，与味觉相较，被赋予了先声夺人的心理意义。

苋菜的制作很简单，通常是焯水凉拌，或者用蒜瓣清炒，除此之外，还有与米饭相炒、清煮做汤、包饺子以及烙饼的做法。在老家，还会和面条、凉皮、醋粉、搅团、拌汤或鸡蛋汤放在一起，但做法也无非是焯水和清炒。我对它的喜欢，甚至说不清缘由，也实在不能将味觉夸张到怎样的地步，沙沙的口感有点像丝瓜秧，但是有点干，赤苋的汁液也会将嘴巴弄得血红，但我还是喜欢它，也享受在田野里采摘它的那种肆意。有时想想，我可能是为它长在田野里的那种风姿和自然气息倾醉吧！

　　我是个极有野菜缘的人，无论什么蔬菜，到了时令节气，味蕾必定想念。这些长在田间地头的野菜，与园子里的蔬菜相比，更能显出自然的馈赠。在人类培育蔬菜的历程中，它们没有被人力所驯良和异化，仍然徜徉在自然的怀抱中。它们最无意，也最得天趣。

芒种

芒種

老槁

　　风吹麦浪，大地流金。伴随着布谷鸟的鸣叫，小麦开始下镰。
这时候，黄瓜、西红柿、辣椒、芦笋成为慰藉农人口舌的好食良物。
农忙之日，饭食简单，也更凸显了山乡民众粗朴简素的生活观念。
一碗农家饭，千里过山风。

渣辣子

芒种前后，辣椒成熟。如同渐热起来的温度，性情张扬的辣椒在天地的护佑下也愈发任性，辣味足酣。

秦巴山区和云贵川湘等地，是中国当仁不让的嗜辣区，绵延起伏的山体似乎预示着中国民众的味觉节奏，那种刺激，只是想一想，都有点惊心动魄。

辣，原不在五味之列。因为辣椒是外来物，而且引入很晚。美洲的中南部地区是辣椒的故乡，最早，印第安人用它作为调味剂，明代隆庆至万历年间，辣椒传入中国。起初，这种植物被中国人作为观赏品，在时人高濂所撰的《草花谱》中，便将其记作外来的草花，称作"番椒"。直到康熙年间，辣椒才被中国人作为蔬菜食用。很快，此食便俘虏了中国人的味觉，种植面积迅速扩大，当时已在贵州、湖南、四川和陕西等地普及。

辣椒含有辣椒碱、二氢辣椒碱等辛辣成分，并有隐黄素、辣椒红素及柠檬酸等物质，所以会对味觉系统产生强烈刺激，食后能增加唾液分泌，有助于提高消化功能。而且，辛辣素还能刺激心脏跳动，加速血液循环，起到活血助暖的作用。故而可以理解，对于身处潮湿山地的民众而言，辣椒可清毒排汗，去除体内湿气。不仅如此，农人们还常说："辣椒是穷人的半滴油。"意思是，可与辣椒相炒的蔬菜很多，譬如西红柿、豆腐、包菜、豆芽以及鸡蛋和各种肉类。因此可说，它是大多数中国民众餐桌上的"万金油"，是须臾不离的味觉调剂品。

如果说油泼辣子是与面食完美相配的味料，那么渣辣子也便是上述地区民众生活经验的智慧产物。

夏秋季节是制作渣辣子的好时候，稻子收获前后，山乡地区的农妇们趁着日子里的空闲，开始为家人们制作渣辣子。制作工艺也不复杂，主要是将两种原料——辣椒和玉米面（有些地方用糯米粉）相拌即可。新鲜的辣椒洗净沥干，然后切丁，再用双刀剁碎，待用。玉米面有颗粒感最佳，无须淀粉。自从有了机械粉碎机，这个环节便简单了很多，不像以前，玉米粒得先放到石碾上，碾成粗的颗粒，然后再用石磨将之磨成粉。玉米面不仅是中和辣椒素的合适媒介，也是增加口感的理想食材。通常的比例是玉米面占六，辣椒占四。接下来，需加入食盐、花椒粉等味料，然后拌匀，其湿度要以松散不粘手为宜。渣辣子是盐菜的一种，接下来的环节是封坛，要把美好的味道托付给温度和时光。坛子是那种低温釉的粗陶罐，这种材质才能留给渣辣子呼吸的自由。装入渣辣子时，要边装边压，使其紧实，装完后用苞谷皮或者布块盖住，然后再用竹条或者树枝压在菜的表面至坛口。接下来的环节很关键：用小盆盛冷水，把坛子颠倒过来，口朝下，使罐口淹没在水中。

渣辣子被封在坛内，几乎与外界隔绝，仅能靠着坛壁的微弱透气，与大自然"对话"。至少一周后，渣辣子会散发出一股酸酸的味道来，这时候，渣辣子便有了进入饭食的资格。不，恰当地说，它会迅速成为百姓饭食中的宠儿。

渣辣子的"菜缘"很好，譬如渣辣子炒腊肉、渣辣子炒肥肠、渣辣子炒鱼片、渣辣子炒茄子、渣辣子炒鸡蛋、渣辣子蒸排骨等。总之，似乎就没有渣辣子拿不下来的菜肴，只要它出马，都会撩得饭食们兴奋不已。

不光是炒菜，吃面也须得仰仗渣辣子，尤其是缺菜的冬季，一碗白面，若是有了渣辣子的救济，也会立马变得别有生机。

对于山区的小孩子而言，热馍馍加渣辣子也是一种不错的便餐。物资贫困、山路婉转，能拿上夹着渣辣子的馍馍，对过去的山里娃来说，已经是不错的安慰了。这样的情形是家在秦岭深腹的师弟告诉我的，蓝天白云、青山如障，少时最能安慰身圉其间的他的，就是母亲所制作的食物之味了。他对大山有着极其复杂的情感，与亲情和山水紧密相连的食物，是养育他身心成长的切实要素，尤其是在味觉单调的年代里，即便是再简单不过的食物，也会给身心以强烈的感触。

所以，每次从江南回老家，母亲都会用渣辣子来招待他。对他和母亲而言，渣辣子不仅是拜自然所赐的恩惠，也是他们情感相连的牢固纽带。

食物就是这样神奇，人类的身体总是不知不觉地依赖它，然后与之相伴的，是用自己的人生记忆来慢慢回想和品味。

夏至

夏至

老猪

　　"冬至饺子夏至面"，夏至食面的习俗由来已久。如炸酱面、打卤面、牛肉面、热干面、油泼面、浆水面、臊子面、担担面、阳春面、奥灶面、云吞面、烩面等，都是南北民众夏至日的日常家味。唐代时，秦岭北麓流行一种面——槐叶冷淘面，用国槐的叶子捣汁，与小麦粉相和，热煮冷淘，是为凉面，这是夏至时的便捷之味。而另一种并不为众所知的面食——杏仁面，也是非常地道的消暑清味。在槐荫之下，端一碗素淡的杏仁面，当是非常惬意的享受吧。

杏仁面

关中的春天总是很短，未及品享，就已入伏天。

芒种是繁忙的时节，伴随着布谷鸟的鸣叫，小麦开始下镰。农历四月的关中，一片金色，照耀着农人们的心。

到了这时，各类的春花已成夏果，等待着收获。如果说，对春天的品赏侧重于视觉，夏天则是依靠味觉了。各种各样的水果美味，都在宣示着夏季的到来。如樱桃、蜜桃、甜瓜、西瓜、杏子等，这些润津的美味是对炎暑的调适，也是对辛勤劳作的犒赏。

"杏黄麦熟，鸢鸟翻飞"，等农民们忙过这一阵，一种消暑的美味就要诞生了。亲手种植的小麦与杏仁，在农妇的巧手中可以变换出简单的美食——杏仁面。这种食味，虽然得材简便，但要精心制作，用心品尝，须得等到闲暇时才好。而且，夏至日食面，是中国北方人普遍的传统，其目的在于尝新麦，享农闲。比如秦地曾经闻名遐迩的面食——槐叶冷淘面，就是用国槐的叶子为汁，与小麦粉相和所做的绿莹莹的面条，过凉水食用，是古时秦地民众消夏安心的一种绝好清味。不知什么时候，此食断绝，以菠菜汁做面的手法则一直流传，在秦地颇盛。与之相较，杏仁面虽然极为少见，却是一种可遇不可求的悠闲别味。

秦岭北麓的杏子与麦同黄，照耀着农人们的心。农忙时节所啖的杏子，果仁通常是要留下来的，其用有三：一是入药，二是食用，三是供孩子们用来做哨。入药的是苦仁，直接食用的是香仁，用来制哨的则无须择选了。苦仁和香仁的区别，大抵可通过外观来确认，香仁果核的体表纹理较多，形态美观，苦仁则要单调些。小时候，觉得辨别二者亦是趣事，若是错了，那苦味就是对自己的教训了。所以，孩子们最怕吃到苦仁，也觉得苦仁讨厌，可是杏仁面所用的恰恰是它。

过去的村庄家户，各类果木是必栽的，在农人的判断中，倒不是为了环境的美观，而是意图自食己力，享受自然的馈赠。大江南北，杏树广种，虽说"白马秋风塞上，杏花春雨江南"，这是就意境而言的，现实中，北方并不乏杏树。

初春时，杏花开得极早且盛，素雅中略带喧闹，粉白中透出晕红，那是可以让人驻足细观的美。在古人的诗句中，我最喜欧阳修的《田家》，其中"林外鸣鸠春雨歇，屋头初日杏花繁"一句，为我们描绘了一派煦和清润的乡居景象。

不久后，茸茸的小杏成为春华的转型，等茸毛刚刚褪去，树下远观可见时，孩子们就已经开始采食了。小家伙们的牙口真是好！再酸的青杏，他们也敢尝一尝！没办法，那是对自然之味的真实期待。

杏子好吃，但不能多啖，陕西地区就有"桃饱杏伤人，李子树下抬死人"的说法。因此，对于贪食的孩子们来说，家长的叮嘱和监管十分必要。

杏花及杏仁有药用价值，为很多人所知。小时候，我常听到村道上"兴平杏核凉眼药"的吆喝，那是马嵬驿附近的小贩，一边售卖眼药，一边收购杏仁。杏仁虽苦，却有润肺、止咳、平喘的效用。除了果仁，杏花也有药疗。据《鲁府禁方》所载，唐时有美容秘方叫"杨太真红玉膏"，为杨贵妃美容专用。制作的办法是将杏仁去皮，取滑石、轻粉各等份，共研末，蒸过，入龙脑、麝香少许，以鸡蛋清调匀，早晚洗面后敷之。据说有"令面红润悦泽，旬日后色如红玉"之功效。巧的是，杨贵妃香消玉殒，葬在善用杏仁药能的马嵬，这又是怎样的一种巧合。

用杏仁做面为很多地区所不知，但在关中地区的山乡地带并不陌生。他们所用的杏仁多为山杏，其药用价值更好。在关中的面食工艺中，杏仁面算是比较烦琐的了。麦收之后，农户闲暇，则有时间采杏，亲戚之间也借此走动，杏仁面即是此时招待客人、消暑养生的家常美味。

　　作为头道工序，加工杏仁倍需注意。取苦杏仁十数枚，因杏仁有小毒，煮水环节则很关键，将其在开水中煮熟，捞出后入凉水，经温度的骤降而去毒。煮过的杏仁，外皮极易剥离，去皮后的杏仁会自然分为两半，一部分磨碎做汤，一部分可与面条同煮，视个人喜好处理。备磨的杏仁，可用石臼捣碎，成末状，加水调成豆浆状。接下来，备葱末及姜丝，用热油炝锅，中火炙烧，然后将杏仁水倾入锅中，用勺徐徐搅拌。五分钟左右，尝无明显苦味，即可出锅。做成的杏仁汤乳白似豆浆，以备煮面所用。还有一种做法是将去毒后的杏仁末与面粉相揉，使其筋道，杏仁末的数量要视面粉的多寡而定。

　　20世纪80年代中期以前，关中家户几无压面机，面条主要依赖手擀，普通农户都有长短粗细不一的数种擀杖，用来制作面食。擀面与绣花、剪纸一样，都是那时妇女安身立命的看家本领。面要经过揉、醒和擀等多道工序，方才绵软筋道。所以，在备好杏仁汤之后，面条怎么做依然十分重要。面团在农妇的手中，被擀成半毫米薄厚，拿起来均匀透光，算是最好的。只有较薄的面条才能使杏仁汤入味。面条切条亦有讲究，手擀面以"剺"居多，而非去切，因为刀在划或推的过程中，面的截面会有柔韧之感，而从上至下的切法，则使面条挤压，切口紧缩，其味道自然比"剺"的要差。所以，关中还有一种面叫"剺面"，由此可知，粗朴的关中人也有含蓄细微的一面。切好的面条要放在杏仁汤里去煮，中火最好，不可太快，这样才能使微妙的青涩味道更加醇厚。

杏仁面的基本工序是：白水煮沸，将洗后的面团揪块入锅，煮成面筋。然后倾加面水进去，等水再沸后下入面条，通常两开后即好，再将杏仁汤入锅略煮，面条浮上水面，并呈半透明感，说明面条已好，即可出锅，最后再加入盐巴和配菜。配菜可以青菜直接下锅，也可专门炒制，通常无需复杂，简素即可，这样方才显出农家人清淡悠长的生活美学。

杏仁面属于其貌不扬的那种，盛在碗里，似无食欲，这种心理真的是冤枉了它，只有入口，才能知晓它在伏天里的价值。可以说，它那么朴素和温厚，区别于关中任何一种味道刚烈的面食。在这一点上，它又多么契合关中人温良朴厚的集体性格。

去年夏至后，我到位于关中西陲的吴山某村画画，招待的师傅唤来乡厨，专意制作杏仁面，以消酷暑之燥，味道颇好。面粉的自然之味中，透露出淡淡的苦杏清香，先苦而后醇。听着蝉鸣，在午间的浓荫里，吃几碗清素的杏仁面，心里自然安妥许多。尤其作为农人，在收获后的日子里，食用杏仁面就是对自己劳动果实和生活滋味的悠然品尝吧。

消暑

縷縷花衫唾
碧玉痕丹血
掐肤红香浮
笑語牙生水
涼入衣襟骨有
風夏日此物最能消
渴解頭以宋人范成大詩题記红荳云

小暑

　　暑天中，吃烤串、喝酒成为人们消暑的惯常方式，三五好友，月夜临风，围聚一处，漫聊浅饮。酒，成为人们情感交流的酵母和媒介。秦岭山中，自古不乏酿酒的传统，糯米、苞谷、柿子、桑葚……都可作为山民们的酿酒之材。酒，看起来多是口舌之需，但其实，它从来都直指精神。

黄官黄酒

"薰风愠解引新凉，小暑神清夏日长。断续蝉声传远树，呢喃燕语倚雕梁。"这是清代诗人乔远炳在《夏日》一诗中，对小暑时节百姓纳凉情形的描述。小暑，可说是暑天真正的端始。《月令七十二候集解》中载："暑，热也，就热之中分为大小，月初为小，月中为大，今则热气犹小也。"小暑虽不是夏季中最热的时候，但也已在提醒人们，需要调养身心，做好迎接酷暑的准备了。

南国之地，暑热难耐，尤其是没有空调的时代，人们为了缓解暑热，不得不想出一些办法来，如饮茶、吃瓜果、啜冰食、藏冰块、枕瓷枕、摇蒲扇等。于是，也逐渐形成了一些与时令相合的民俗，以借集体心力缓解燥热之气。

尝新米和尝新酒是我国南方多地的习俗。民谚里说，"小暑吃黍，大暑吃谷"，古时的南方有每年小暑过后早稻成熟开镰食新的习俗。农夫们将新获的稻谷碾米煮饭，供祀五谷大神和祖先，这时候，还会配以新酿的黄酒啜饮，并备以肉蛋和新结的苦瓜、丝瓜、茄子等蔬菜，感恩天地，联络亲友，同时也安托己身。

在人们的印象中，冬季里温黄酒来饮，是最合适的事，其实，暑天饮黄酒也早已成俗。暑日气候炎热，人体易出汗，消耗也大，再加上夏季时南地雷雨天气渐多，湿气增大，黄酒祛湿的功能便派上了用场。如今，由于冰镇技术的普及，暑天冰饮黄酒也成了新尚。

我饮冰镇黄酒，则是在汉中市近郊的黄官镇。去年小暑后，我与研究生前去调研藤编工艺，同时，也对当地的盐菜和黄酒工艺进行了了解。

刘正兵是黄官本地人，家就住在正街上，祖祖辈辈以务农和编制竹、藤器为生。成年后，他就读四川师范大学机电专业，毕业后辗转多地，终又回到家乡。在此前的调研中，刘正兵以其超颖的智慧和爽快为人，对我们协助颇多。一年后，他又从南郑区良顺藤编厂转到黄关酒厂工作，主要从事黄酒文化的宣传推广。

在未到黄官镇之前，黄官黄酒我从未听说。有一次，刘正兵请我们在黄官镇的一家菜馆里吃饭，便拿出几瓶来推荐我尝尝，说是这种酒润喉解渴、口感顺滑。于是，就着陕南土菜，与之对饮，确是别有一番滋味在心头。

再后来，同学刘勇带我到汉江边的一家体验店里小坐，才知道那是黄官酒。在店里，我看到了数十种包装时尚的黄官黄酒，为之一惊，想不到那么不起眼的一个小镇，居然有着这般先锋的黄酒企业。于是，便有了想去厂里看看的念头。

这正是和刘正兵的缘分。他带着我们到了位于青龙河畔的黄官酒厂，高高的水塔上，写着"黄官酒厂"几个大字。酒厂面积不算大，约三十亩，但是环境极好，而且拥有两千多吨的优质原酒储量，使其成为西北地区最大的黄酒陶坛储酒企业。我们看到，酒厂所有的建筑都刷成了黄色，像是寺庙的感觉，尤其在翠碧的环境里，显眼且和谐。刘正兵很自豪地说："这是我们企业专门调出来的黄，它与别的黄色都不同，是独一无二的'黄官黄'。"

黄官，又名黄官岭、岭镇，坐落于距离南郑区十七公里的西南方向。在古代，黄官是汉中通往四川的交通要道，所以人口聚集、商业隆兴。自宋以来，民间传统工艺非常发达，其中，黄官黄酒、腌菜、豆腐干、腊肉、藤编手工艺品等传统加工工艺源远流长。清代时，此地为褒城县黄官巡检司的驻地。民国初年，政府在此设县佐，分理褒城县的南山事务。如今，黄官镇也是南郑区西南片区经济、文化和商贸的中心。

可以说，汉中是秦岭南麓最具江南风韵的区域，从市区开车不足半小时，便可到草木葱茏、山河逶迤的黄官镇。农历六月的黄官，稻田落翠，麻鸭欢歌，一派田园之乐。黄官镇虽然不大，但旅游资源颇丰，境内有国家级水利风景区红寺湖、挡墙关遗址、乞儿寨道观、云河、黄官、塘口、庙坝等古遗迹，镇子南向的米仓山更是颇负盛名。米仓山为大巴山西段，古称仙台山、玉女山，是汉江和嘉陵江的分水岭。"米仓"之名，则是暗喻在其护佑之下，此地风调雨顺、稻米丰足的生活现实。黄官镇的东侧，有一条河，曰青龙河。平日里，山如黛玉，河似轻纱，与大片的稻田相得益彰，景色极美。

从地理位置来看，黄官镇位于被称为中国的"黄金酿酒带"的北纬33°线上，属北亚热带和北暖温带的过渡区，季风显著，光能充裕，热量富足，气候清凉湿润，全年平均气温在14度左右。丰富的光温资源培育出了优质的稻米，全境内河流纵横，水资源丰富，独特而良好的生态环境为黄酒的酿造提供了极为有利的自然条件，非常适宜黄酒发酵菌群的生长。同时，高达86%的森林覆盖率，使得空气中富含负氧离子，确保了黄官黄酒能在健康的环境中酿造。黄官酒的诞生，正是与这些自然条件息息相关。先秦古籍《考工记》里说："天有时，地有气，材有美，工有巧，合此四者，然后可以为良。"用来印证黄官黄酒与此地的关联，非常契合。

古时，黄官地区的民众是自酿黄酒的，历史究竟有多长，也不好追溯。只是如今，家庭作坊已经全无。目前的黄官酒厂（全称陕西黄官酒业有限公司），其前身是1986年所建的黄官酒厂，再往前，是创立于 1368 年的李记酒坊。原酒坊取水的古井还在厂内，时至今日，井水依然清澈丰盈。

虽已是大规模生产，但黄官黄酒在主体环节上依然遵循古法，"逢夏采曲、遇秋收粮、冬酿美酒、春出香醪"，在物料准备、曲法酒式、发酵控制以及酒质鉴定等环节，黄官黄酒均遵循四时节气和技术逻辑。

制曲是头道工序，黄官黄酒采用精选的红皮小麦，再辅以秘方老曲相拌，遵循一年两次制曲的老规程——春天制作桃花曲，秋天制作桂花曲。拌酒曲是细心的活计，酒工们一遍一遍，使之掺匀，这样才能保证发酵的效果。酒曲拌好后，便可送入曲房内发酵。酒曲发酵的阶段，也是温度与时间耳鬓厮磨、窃窃蜜语的过程，这时候，酒曲的伴侣也开始生产。黄官所产的金丝糯米用青龙井水按黄金比例浸泡整整 128 个小时后，糯米丰腴晶莹，可将其捞出沥干。接下来，是蒸米环节。传统的大铁锅已经换成了圆筒形的不锈钢工业锅，但锅底还是需要垫上用当地山棕编的棕垫，这样很有利于温度穿透层层米粒，使每一粒糯米都能充分打开。一口锅可盛糯米 80 斤，如今，硬柴火换成了气烧，锅的密封性可得到改良，所以，以大火、圆气速蒸七八分钟即好，蒸出的糯米以手捏不散、劲道有弹性为佳。糯米降温后，与酒曲相拌，保证极匀，再送入发酵车间。我看到，车间内置放着数十个千斤重的大缸，工人们将拌好米的酒曲徐徐装入，然后再由经验丰富的老师傅们以手工方式搭出上宽下窄的酒窝，该环节被称为"落缸搭窝"，到这个时候，就可以一切交由时间了。在传统工艺中，这种人力无法把控的自然之道，正是食味的神幽之处。在静谧的车间内，一切的酝酿都在不动声色中进行。在人眼看不到的幽暗世界里，甜润的酒液慢慢析出，直至溢满酒窝，发酵车间内的空气也日渐弥漫着透人心脾的甜香，缸内微绿色的酒液仍在微弱地呼吸，不断涌出的气泡，伴随着啵啵的响声。这时候，酒浆在时空里的变化须得仰赖师傅们的经验判断，他们能够洞察和明晓视觉背后的一切。

酒浆出锅后，还需要再度发酵，黄官酒厂将不同品种的酒，用50斤的小陶坛分装，并置于露天的环境中存放，以使之能够经受风吹、日晒和雨淋，这是酒浆与自然的正常脾性相接的大好机会，这样能使酒液更好地老熟。酒，从来都是自然的爱子，温度与时间的交合，给了它最丰富的秉性。经过露天发酵好的酒，还需要进行压滤，这个环节，现已改为用现代化的压滤设备来进行，也就是以暗流的方式从发胀的糯米内挤出酒液，还需要以八九十度的高温进行灼煎，然后使之慢慢降温。降温后的黄酒，会被存入千斤装的大酒缸内，置入酒库储存，不断经受时间的加持与洗礼，酒浆才能见证光阴的流香。

在完整的酿酒工序中，黄官黄酒严格恪守人酿30天，天酿270天的古法。正是在这漫长的300个日夜中，酒液饱受日晒、风吹和雨淋，历经自然之手的调节，才酿造出了具有醇、香、甘、美、滑五大特点的中国传统黄酒。黄官黄酒只用水、糯米和酒曲，不添加焦糖色的着色调和，而是通过酒曲的自然发酵形成特有的琥珀色，故而酒浆口感醇厚，保证了较高的氨基酸、低聚麦芽糖等含量。黄官黄酒是在传统手工古法酿造基础上的再度改良，因此，在陕西省第七批非物质文化遗产名录中，将之称为复酿技艺。

目前，黄官黄酒的主要产品有富贵、小清露、微凉、青梅、小酌、红运、金福、鸿图、远黛、汉粹、大团圆、五福等。那天，我们在厂内的品鉴室里逐一品尝，仔细感受不同酒的微差，最终，我觉得还是小家碧玉的几种最适合小暑时饮用。刘正兵介绍说，小清露和微凉最适合夏夜里小酌，它们是为烧烤和火锅专酿的绝好伴侣，酒体中带一点清淡的草药香，冷藏之后，初入口有一丝微苦，但随即会转为清甜，这样的舒适口感，能迅速消解口腔里的麻辣和高温。若是能够加些冰块来喝，则口感更为激爽，在摇曳的灯火中，黄水晶一般的色彩，会给人以视觉上的舒适感，也更能解腻增鲜，冰凉消暑。

当天晚上，我们与刘正兵、朱建军厂长及一帮朋友在镇上的一家餐馆里，一直喝到灯火皆灭，皓月当空。但所谈的细节不久便已模糊，而那一次，确实让我牢牢记住了秦岭山中的这种清丽的黄酒。

迷溜溜

黄柏塬是位于秦岭内腹的一个小镇，如果从西安出发，需驾车两个多小时到宝鸡，然后再花将近一个小时，到达秦岭北麓的太白县城，可是从太白县城再到其所辖的黄柏塬镇，还得足足两个半小时。

2022年初夏，我与同学巨建民，还有太白县文化馆张怀宁、杨森两位馆长驱车前往黄柏塬，此行的目的是去探访一位酿酒师。

在行政划分上，黄柏塬虽归关中的太白县管辖，但其纬度、气候以及语言风俗，都已属陕南，黄柏塬全境896平方公里，目前人口却只有两千出头，仅辖黄柏塬、二郎坎、皂角湾三个行政村落，因为绝无工业污染，便有朱鹮、金丝猴和大熊猫在此栖息，可说是深藏在秦岭秘境中的世外桃源。十余年之前，黄柏塬经登山驴友们的热捧，受到政府宣传开发，被誉为秦岭里的"香格里拉"和"小九寨"。

我们要找的酿酒师叫蒋心洋，从黄柏塬镇街道开车南行约二十分钟，便到了他所在的高家坝村。站在他家门口，可以看见汹涌的渭水河，因为近期持续降雨的缘故，河面宽阔，波浪滚滚。

蒋心洋是"80后"，年近四十，这个年纪，让我将他与古法酿酒师这个身份相联系的时候，多少还是有些诧异，但他告诉我们，他在家酿酒已经有十三个年头了，手艺是少年时就跟父亲学的。蒋心洋二十岁出头时，也曾外出打工，干过不少工作，后来，他在潼关金矿干活，看到很多工友因为吸入粉尘太多，得了硅肺，还有一次，他和工友们喝假酒喝到咳血，再加之父母年迈，于是便回了家。他家酿酒的手艺是祖祖辈辈传下来的，父亲曾与他一起酿酒、种田谋生。父亲去世后，他便独立建了酒坊，更加专心酿酒，同时，也在网上卖些秦岭里的山货特产，如土蜂蜜、菌菇、木耳、干菜、毛栗子、野生猕猴桃、中草药等，这样也能便于照料母亲的生活。

蒋心洋的家离马路很近，从坡坡上转下来，迎面就是他的酿酒坊。房子是新盖的，他还特意将房子刷成白色，再加上红色的屋顶，在满眼苍翠的山谷里，更加显眼。酒坊的门框上，春节时张贴的楹联还在，是谓"春风桃李一壶酒，山气氤氲数片云"。横批："精心醇酿。"看起来，酒坊有20多平方米，这样的面积在深山里已算不小，而且蒋心洋将它收拾得干干净净，从很多细节里能看出他对酿酒手艺的用心和寄托。

进门左手，是三个连续的小池子，1.5米见方，约60厘米深，用作酒醅的发酵。在其尽头还有一个大池子，是用来拌酒醅的，不足20厘米深，三四米见方。这些池子皆用混凝土砌成，边沿贴了瓷砖。酒坊进门右手，是酿酒的蒸馏设备，蒋心洋所用的设备已不是当地传统的样式，但其酿酒的工艺却基本延续旧法。

每年的三伏天，蒋心洋都会制作酒曲，此时温度高，发酵效果好，通常要三个月时间才足。做酒曲是酿酒工艺的关键，也是酒的灵魂所在。蒋心洋说，爷爷辈的人旧时酿酒，会用秦岭里所产的辣蓼草、细辛、肉桂、薄荷、苍术和太白七药等草药，采来晾干，打成粉末，再与大米粉和糯米粉调和，制成酒曲。因为酒曲中加入了诸多草药，故而也称酒药。但遗憾的是，六七十年代的黄柏塬地区粮食匮乏，酿酒工艺停滞，这种药曲的制作方法在蒋心洋父辈那里就失传了。

蒋心洋做酒所用的原料有玉米、高粱、大米、豌豆和山茱萸，这些原料基本都是当地所产，尤其是玉米。黄柏塬玉米的生长周期大约有五个月，比平原地区的时间要长，而且因为气温低，温差大，玉米的淀粉含量也更高。因此，秦岭里的山民酿酒，一直都用自种的玉米，蒋心洋说，这种玉米的出酒率也高。但用玉米酿酒，有味苦的缺点，于是，在原料中拌入高粱，可算一种调和之法。张怀宁说，以前当地人酿酒，豌豆加得多，含铅量高，稍喝一点就会上头，后来知道对身体不好，豌豆所占的比重也就少了。做酒所用的原料，蒋心洋都会淘洗两遍，并浸泡两三个小时，然后令其沥干，是谓泡粮。第二日，将泡好的玉米放到锅里去煮，三四个小时后，再将豌豆、高粱等渐次加入，经过半天的烹煮，粮食的香味四溢，这时候，可将锅内的热水放出，沥干，再蒸四五个小时（盖上锅盖焖至粮食全部无硬心，俗称开花）。接下来，蒸好的粮食被移放到拌料池里，是谓拌酒曲，这时候，等粮食的温度降至合适时，撒上适量的酒曲拌匀，当地人称"接种"。在酒曲的作用下，粮食中所含的淀粉糖化，糖化大概需要12个小时。最终，经过充分糖化的酒醅会被装入发酵池内发酵，蒋心洋将之称为"装缸"。

因为各季节的温度不同，发酵的时间也不等，秋冬季节温度低，发酵的时间就长，通常可达20天以上，夏季温度高，10天到2周也可。蒋心洋说，三九天温度过低，不利于发酵。三伏天温度过高，不利于冷却。最佳的时段是早春及秋冬季节，比如农历的二三月，还有八月到十月之间，此时温度适中，酒醅的发酵也会比较稳定。

酒醅发酵期间，并不是只等时间够了再来取料，而是每天都要不定点地前来查看了解。在这个环节上，作为已有十几年丰富经验的酿酒师蒋心洋依然心存忐忑，他时常会进来闻一闻，以判断酒醅发酵的效果。这些年来，他心里对酿酒的牵挂，甚至超过老母亲，因为很多时候，反倒是老母亲在照顾他，而他得用心呵护着酒曲。当然，这也是经由父亲所传续下来的谋生本领。蒋心洋能够判断出酒曲散发出来的气息与物性的关系，在这个过程中，他才能与酿酒工艺在心念上更加契合。

酒醅在蒸馏时必须保持疏松，要不然，蒸馏时的热酒气很难穿透每一份酒料，导致酒不能完全挥发，影响出酒率。蒋心洋在置放蒸锅的地面处挖了一个凹槽，这样方便他加火煮酒，不锈钢的桶形锅置放于地面，靠窗处还有一只小桶，垫于树桩之上，里面装的是凉水，用来冷却酒气，气体的酒经过冷却容器时，就会变成液态的酒浆。到这个环节时，蒋心洋几个月的辛劳和牵挂，算是看到了结果。

　　蒸馏酒的过程中，火候的大小密切关系着酒的产量和口感。黄柏塬地区的山民酿酒有个讲究，流出的第一杯酒往往先倒在灶眼里，祖辈们将之视为敬灶神爷。在过去，出头酒的那一天，主家总会招呼四邻八舍的乡亲们来尝酒。新出的蒸馏酒散发着热气，度数高，很是带劲儿，因为这种火辣辣的感觉，当地人将此酒称为"焰子酒"。按黄柏塬人酿酒的习俗，若是三月间动手，初夏时便能尝到新酒了，只不过这种苞谷酒再放一放，口感会稍好。召唤街坊邻居来尝酒，不仅仅是想听听大家的建议，更是联络感情，图个吉利，以保证酿酒环节的一切平顺，这也是人们对于友情的一种深切认同。

　　根据蒋心洋的酿酒经验，100斤玉米可以酿出40至45斤的苞谷酒来。这样的出酒率，对传统古法酿酒来说已经不少了，但蒋心洋所酿苞谷酒的品质却是很好。我在想，是不是因为蒋心洋还未成家，且一门心思酿酒的缘故。他看起来很干练，但不大说话，而且有点害羞。那天雨后，山气颇凉，我们坐在他家的院子里，蒋心洋很麻利地用电饼铛焙了一大碗毛栗子，我则央他倒几杯苞谷酒来，一是驱散寒意，二来也是品尝他的手艺。大家围坐一处，问询他的酿酒技艺。蒋心洋测酒的度数不用仪器，而是凭借舌尖的敏感经验，然后再对应工业酒厂的标准。目前，他所酿的苞谷酒分为 46 度、50 度和 56 度三个等次。这种苞谷酒，当地人称为"迷溜溜"，蒋心洋说，"迷"是指上头，"溜溜"则是指顺滑的口感。以当地人的习惯，苞谷酒热一下，再加上土蜂蜜，口感更好，所以有些地方也将其称为"蜜溜溜"。那天下午，我一边吃着毛栗子，也就喝了小一两，便已有微醺之感。

平原年岁短，山中日月长。不夸张地说，秦岭一带的每一处村落里，都不会缺少酒香。除了狭仄的水田坡地可以种植一丁点庄稼、蔬菜之外，渔猎、养猪所得的肉食，是山民们丰富营养和调剂岁月的美好作料。因为家常菜里少不了肉，酒，也自然成为他们彼此交流和吟唱自我的催化剂。

当天晚上，张怀宁和杨森馆长备好黄柏塬的土菜，想让我们见识一下这迷溜溜酒的本质。其实原本经过一整天的舟车劳顿，我们已经很累了，但是盛情难却，更重要的是，自己无法抵制酒食的诱惑，实在有点心痒痒。结果未想，那天晚上一直喝到次日一点多，整整四斤迷溜溜被我们四个人享用殆尽。我的体会是，不到二两时，隐隐上头，那种微醺的感觉很是温柔，像是在春风里迷离、荡漾。然后则越喝越清醒，散席之后，大脑兴奋，仍无法睡去。但饮者都知道，酒好不好，要待第二日再看。迷溜溜的确是我喝过的不可多得的好酒，口不干、舌不燥、头不晕的体感，让我不得不对这山沟沟里的迷溜溜酒刮目相看。我以前所喝的绝大多数酒，翌日晨起，必须是要喝几瓶矿泉水的，或者早饭不想吃。但是那天早上，我们在菜馆里分别吃了几块锅盔夹辣子，还有两碗苞谷糁。而且大家还兴冲冲地到二郎坝去看稻田、麻鸭、朱鹮和金丝猴，都没有任何不适。

离开太白县的时候，馆长赠我一箱迷溜溜。这半月来，我真的上了瘾，中午和晚上总会喝几盅，那种迷迷的惬意感让人有点难舍。很简单的道理，不舒服的酒，身体是不会想念和依赖的。迷溜溜虽有苞谷酒那种天然的苦辛味，但其口感中却更有一丝甜，所以，越喝越有回甘之味。

我还买了温酒器，再打算买点秦岭里的土蜂蜜，想以当地人的土法，将迷溜溜的口感调和到最佳，于是就可在繁忙的间歇里，邀三五好友，享受那片刻的安闲与惬意。

本文写作的初衷，是想体现传统酿酒手艺中所包含的人与自然休戚与共的互依关系。因为与酿酒师只有不到半日的接触，可说对蒋心洋本人并无过多了解和侧重，但在本文写就后，我才得知蒋心洋曾经做过"爱暖人间"的志愿者，喜欢书法和辞赋，于是在网上搜索，居然发现了由他所写的不少诗词，斟字酌句间，颇显其志趣高远、心境恬淡。反复品读这些诗词，回想他的腼腆与含蓄，才更加深了对他素朴与内秀性情的理解。对酿酒技艺来说，或许正是因为他有这样的心境和情趣，才会使他酿造的酒浆有着令人沉醉的滋味吧。

《浪淘沙·偶得旧友消息感怀》

蒋心洋

煮酒忆当年，快意挥鞭，轻狂那识世途艰。千里奔波期逐梦，忍别乡关。

廿载转头间，双鬓微斑，镜中犹恐对苍颜。可惜匆匆春去也，休听啼鹃。

大暑

大暑

老樯

炎日当头，酷暑难耐。伏天里吃凉粉、喝绿豆汤、剥莲子、食浆水，都是解暑的好办法。这些益于身心的传统途径，比冷饮要管用很多。西北是浆水的福地，这里的人们深知酸浆产生的奥秘，也依赖其味道的将养。

浆水菜

　　我总以为，只有北方盛行浆水，这次在留坝短住，才知道陕南的浆水也那么迷人，也没有料想到，它竟与当地百姓的味蕾那么缠绵交融、休戚与共。

　　我此前的理解是，浆水用来消暑降燥，南方地区温润潮暖，应是不需要此食的。很显然，我忽略了它可以作为生活中佐食之味的一面。而且我惊讶地发现，秦岭中可用来沤浆水的蔬菜要比平原地区更为丰富。从古至今，这里的人们不会酿醋，浆水便是他们调剂味觉、安慰身心的一剂良食。

　　每年仲春，秦岭里的各色野菜便会次第显露出勃勃生机。除了常用的旱芹菜、水芹菜、花辣菜、石荽菜、狗牙瓣，一直到仲秋时的山油菜，都是留坝人做浆水菜的好材料。做浆水要选择晴日，这或许是人们把蔬菜们送进幽暗世界时的最后一次关照吧！那些饮露汲泉、吸纳了天地灵气的野菜，将通过囚身之旅的涅槃，来给农家人奉献这让人意想不到的滋味。将野菜收拾干净，浑个投入锅里，焯水捞出，就可以入桶了。以前百姓家用的多是陶瓷缸，事先将缸洗净，在强光下杀毒，然后注入引子，再将山野菜码放于其中。这时候，还需用一块石头重压，这种石头通常为大的卵石，多用花岗岩和青石，能耐腐蚀、不掉渣屑、不变色者为好。经过石头的重压，野菜身躯里所沁含的汁液便会被不断挤压出来，从而得以更充分地发酵。这种简便易行的办法，是人类掌握的最早的制作人工之味的方式，是腐烂技术被人类掌握、运用的神奇之作。野菜要与外界完全隔绝，因此缸的口沿要密封，并置于背阴处，三日后可食。

在中原，浆水是被作为汤水来对待的，而留坝人还会将其作为菜肴。我对留坝浆水最奢侈的感触是在枣木栏。那一日，采访刘屠夫结束，被留下吃饭，面条简便，也是关中人所钟，因此便没有客气。因为有浆水，此饭也显得特别简单。柴火铁锅，三开后捞面，小锅里则将切丁的浆水菜注油略炒，一起上桌。那日也的确有些饿了，白花花的面条温软滑顺，覆上深绿色的浆水菜，再用勺子浇上几勺深黄的浆水汁，简纯的浆水面便就此生成了。那一天，主人家还特地备了两盘野菜，但我不想去吃，我想品一品没有他味干扰的浆水面该是怎样的滋味。不火不燥的温度，使得浆水与面条在温情的私语中找寻到了相得益彰的默契。面条铺展在舌苔上，菜丁在齿间，浆水汁则顺着舌头的边缘，在口腔里浸润而过，那种经由味觉神经而传遍全身的微妙感，正是百姓们钟爱它的真正原因。

吃饭的时候，饭桌旁边就是浆水缸，大大的一个白色塑料桶，足足可装五十斤浆水。这种桶的好处是，盖子是螺口的，密封性好，也便于取用。刘屠夫打开盖子，玫红色的浆水汤像是粉色的海洋，里面将养着数以亿计的味觉精灵，我禁不住舌津四溢。

是的，我在餐馆里的确没有吃到过如此过瘾的浆水面。那一天，我甚至觉得自己是否是找到了朴素之味的真谛和源头。在我看来，好的味道就是食材本真，工艺合乎天道和物性，制作者的心地纯良，而这一切若又与食者的安顺心境相吻合，便是最好的味觉赏赐了。

刘屠夫的老伴儿告诉我，浆水锅巴米饭也很好，其做法与洋芋锅巴米饭和竹笋锅巴米饭相近。浆水菜切丁，加猪油翻炒，然后大米煮三成熟，滤水闷于其上，柴火旺焰而不烈。浆水菜、大米和柴火的窃窃私语，都需要主妇默会的经验拿捏。十五分钟后，锅盖揭起，铁铲略翻，浆水菜的酸香味已深深地进入了米饭里，那是彼此的度化与升华。只是我无福享受了。

在汉江流域曾经盛行的庖汤菜中，有一道加演的精彩曲目——猪血浆水汤。将从猪的体腔里流出来的鲜血即时放入食盐、淀粉、各种调料粉和菜籽油，再加适量水，将之搅拌停放。浆水菜切丁，油煎后倒入翻炒，须臾香味散出后盛出，然后将锅洗净，倒入凉水烧开，将划成块状的猪血倒入。刚刚放凉的猪血，在高温的刺激下迅速膨胀，出现弹性十足的黏韧口感，这个环节两三分钟即成，不可过久，否则猪血就会老化起泡。最后的档口，需将经过翻炒的浆水菜重新入锅，稍稍加热，一锅滋味醇厚的猪血浆水汤便就此生成了。在寒冷的冬日里，猪血浆水汤热气腾腾地张扬宣示，一再召唤着人们迫不及待地品尝，在众人的欢愉中，慰藉味蕾，也安妥肠胃。

浆水，这种与时鲜背道而驰的制食工艺，是人们在节令更替、季节轮回的应接不暇中求得味觉慰藉和心理安然的一种智慧之法。浆水的制作，体现着大道至简，几乎全赖自然的恩赐，人心与人力的机巧所占极少。它庋藏了自然之道的诸多秘密，也幽含了自然对子民护佑的无限深情。

在大雪封山、食物寡少的岁月里，浆水会默默地提供给山民们最简纯的慰藉，同时也暗示着人伦天道的深度契合。

立秋

老糠

　　秋天是金色的，也敛藏着收获的自信。南瓜、冬瓜、山药、辣椒、红豆、梨子……这些食材给了秋食以更沉稳的味道。玉米，这个曾经救济无数灾荒的粮食，在人类的生活中发挥着非同寻常的关键作用。金灿灿的玉米不仅代表秋季的收获，也映照乡民们的心情。无论是鲜嫩的煮玉米，还是苞谷糁、搅团、玉米浆粑、玉米豆腐，都是秦地百姓制食智慧的灵巧体现。

玉米豆腐

留坝人将玉米做的食物称为"黄金饭",可是对于 20 世纪 80 年代之前的百姓来说,宁愿不要这种"黄金",而是日日想着"白银"。在小留坝村长大的大学同学刘勇说:"我小时候,天天都是各种玉米面做的东西,玉米粑粑、玉米糊糊、玉米馍馍……那时候的人生诉求,就觉得一辈子要能吃上一碗白米饭就好了!"

三十年前,沃野千里的关中,玉米也是百姓的主要口粮,但对在食物上颇爱动心思的留坝人而言,他们用玉米变换出的花样要多得多。

玉米豆腐就是最有特色的吃法。

水田种稻子,旱田种玉米,这是留坝人最为主要的两种农作物。在《留坝厅志》中,玉米被称为"蜀黍",并言其"性黏,多汁，可酿酒，亦可煮糖。厅人多业此，取糟饲豕，利与耕织埒"。从该记载来看，玉米是人豕同食的重要食材，而其经济价值也一直被乡民所重视。因为地寒天冷，留坝的玉米生长周期很长，通常是农历三月下种，到十月才能收获，比关中地区的玉米整整多了一倍的时间。也正因为如此，留坝的玉米才细滑而甜糯。

留坝人吃的豆腐有三类，第一类是用豆子所制，第二类是用大米来做，第三类则是用玉米。说白了，后两种只是类似于豆腐的糕罢了。

开餐馆的侯晓明告诉我，做玉米豆腐要用到草木灰，着实令我吃了一惊。后来在《风味人间》里也看到，才知道此物的作用是消解玉米面粗涩的口感，并增加其韧度和弹性，同时，草木灰特有的碱香味也会融入玉米面之中。

做玉米豆腐是个烦琐的活计，因此，以前的乡民总会等到十月玉米归仓，农事闲暇，新近收获的玉米便是制作此食的最佳原料了。这时候，山木枯寂，霜重赛雪，农妇们在暖阳初升的时候开始忙活。火塘里的草木灰被处理干净，当地人制作时的大致比例是，一碗玉米，两碗草木灰。铁锅里开水已沸，可按10∶1的比例将草木灰放入，徐徐搅拌，使之稀释。玉米用纱布包裹，投入草木灰的汤水之中。如果是做大米豆腐，需要浸泡大米八个小时左右，而玉米需要浸泡十个小时以上。因此，农妇们通常是早上忙活一阵，静等到黄昏时再重新开工。经过长时间浸泡的玉米，颗粒浑圆，纤维膨胀，接下来，自然是用凉水将其淘洗干净，然后用打浆机将之粉碎（以前是用石磨粉碎），打成糊状。

金黄色的玉米面糊糊被倒在铁锅里，硬柴架起，文火加热，此时，需要的是不断搅拌，这个环节与关中人做搅团类似。这样，玉米面的纤维才能充分舒展和溶解，直至面糊糊可以拉出长长的丝状，表明其黏性已足。在此过程中，喜欢重味的主儿，还可加入盐巴、花椒面、蒜苗、辣椒面等佐料，使其另有别味。

熬好的玉米面糊糊被浇摊在案板上（玉米凉粉的制法到此即停），待其温度稍降、触手不烫时可将之不断揉压，利用尚存的余温，使之变得瓷实筋道。六七分钟后，便可期待玉米豆腐从凉粉向豆腐的转型了。当地人通常是将其塑成手腕粗细的长条状，放入蒸笼内，蒸半小时左右即熟。

在过去，每入年关，留坝县的主妇们便开始制作玉米豆腐了。整个年关里，玉米豆腐都是留坝人念念不忘的特别之味。

玉米豆腐可有两种吃法：一是趁热切片，调汁水或干料来蘸；二是放凉切片，与腊肉相伴来炒，或者用蒜苗素炒也可。切片的玉米豆腐类似年糕，但要松散不少，因此不耐翻炒，若是旺油爆炒，边缘略焦，口感便增了不少。它比年糕和豆腐都易于从爆炒中吸油，因此当地人喜欢用大油来炒。金黄色的玉米豆腐，翠绿翠绿的新蒜苗，在猪油的晶亮润色中，将会获得意想不到的华丽蜕变。若是与腊肉一起来炖，玉米豆腐则会倾向于温软绵厚，尤其是在大雪封山的日子里，玉米豆腐的味道正好符合深冬里的缓慢节奏。

离开留坝的时候，我到市场里去买，问摊贩是大米豆腐好吃还是玉米豆腐好吃，他们不假思索地回答："当然是玉米豆腐！"

一种食物的意味，除了天时地利的区域条件之外，更在于人们对物性不断地探求、琢磨、开发。玉米豆腐这种粗粮细作的乡土食物，饱含着留坝民众在漫长冬季里的心思婉转和对味觉的寻幽，于是，也便自然成了他们回味人生和身体记忆的密钥了！

玉米浆粑粑

初秋时，秦岭北麓的农田一片赭黄，那是已经老熟正等待收获的玉米。而在南麓的山岭地带，玉米才刚刚灌浆，青纱帐中，晶莹饱满的玉米粒预示着即将到来的收获。

这时候，陕南人喜欢做玉米浆粑粑。这种食物，不能像关中人那样，等到玉米棒子完全干熟，而是正好要带点润泽的水分。其实，不仅秦岭南麓的乡民们如此，在四川、贵州和云南等地，玉米浆粑粑都是百姓们的钟爱。

在陕南，稻田占六，旱田占四，除了各类蔬菜瓜豆，玉米的种植其实很有限，因此百姓也就视之金贵。吃稻米通常是要配菜，而吃玉米却无须兴师动众，用玉米所做的豆腐、粑粑，可说是些凑合饭，能让百姓度过荒日。在我小时候，关中人的主粮是玉米而非小麦，小麦上交，玉米留给自己，玉米糁子、玉米搅团、玉米粑粑，真是看见黄色就怕。后来才知道，关中人所做的玉米粑粑与陕南人有所不同。用机器粉碎的玉米面，是细腻的干粉状，关中人将玉米糁与其调和，搅拌成较稠的浆状，如同糊墙的泥巴。这时候，甑笆上铺布，将其糊成饼状抹平，有时候为了调剂味觉，可以加入葱叶子、花椒叶、韭菜叶或盐巴等，整出来的粑粑如同海绵，有松透的气孔。不过，这种甜甜的食物吃多了，胃会泛酸，再加上红薯片片什么的，甜得有点发慌。

陕南人的玉米粑粑其实是玉米浆粑粑，制作此食的原料须是不老不嫩、成熟适中的糯玉米，过老或过嫩，其香味和浓稠度都不佳。玉米粒洗净后沥干，最好是用传统的石磨磨成稠浆，再加入适量的小麦粉和糖，搅拌至糊状。这时候，玉米皮派上了用场，两三层洗净的玉米叶包成三角状，再将玉米糊灌入，叶子包裹如扁平的粽状，这时候，玉米浆粑粑就可以放到甑笆上去蒸了。大约二十分钟，喷香的玉米浆粑粑即成。

这种浆粑粑也叫浆粑饼，是一种软糯的固体食物，以前的孩子们上学，少不了兜里揣着，以备充饥。

而在陕南的不少地区，还有一种粥状的玉米浆粑粑，也叫玉米浆粑、浆粑子或浆粑粑，此食所用的玉米也是以能掐出浆汁、不老不嫩的为好，在石磨上粉碎成中颗粒的糊浆状，做这种浆粑粑，陕南人通常会加入菜豆腐，另外还有些许小菜。磨好的玉米浆，需要揉成团，稀稠度以能揉握成团不流水为宜，入锅前需要静置发酵。

等浆粑粑发酵的档儿，正是做菜豆腐的好时候，但这个环节显然比浆粑粑更为复杂。一口大大的铁锅内盛满了豆浆，大火加热十分钟后，豆浆开始泛出白沫，这需要用水瓢间或将之撇去，同时加入切丁的小青菜，煮到二十分钟时，需要用浆水来点卤。陕南人所用的浆水，通常是用当地的花辣菜沤做的，此菜特别耐泡，浆水的酸味也很好。这时候，浆水的颜色类似于土豆皮的黄色，一倾入白色的豆浆中，便开始起化学反应——豆浆中开始有絮状的凝聚物。鼓风机的火是持续的，接下来还要烧煮半小时。这时候，豆浆已经煮了五十分钟了，需要二次加入浆水，在两次浆水的加持下，裹挟着小白菜的豆腐开始成形，浮于汤面。略煮五六分钟后，菜豆腐已完全成形，这时候，菜豆腐便可以和玉米浆粑粑邂逅了。

发酵好的玉米浆粑粑用手捏成条，使之跃入菜豆腐的汤水中。大火猛煮十分钟，独特的菜豆腐浆粑粑便可大功告成了。此食与流行在陕南诸地的菜豆腐节节基本是同款。

为了调剂味道，还需做些小菜。陕南人喜欢的是阳荷姜，此菜颇有浓香，切成丝状，与小青椒爆炒，是最与玉米浆粑粑搭配的小菜了。当然，小白菜、黄瓜条、小豆芽、豇豆、莴笋丝、土豆丝等小菜也很是美味。

　　不得不说，这两种玉米浆粑粑现在已经很少能够吃到了，其貌不扬的清苦素食，是百姓们在物力维艰的情况下自我求生和调剂的本能体现，而到物资丰盈时，这些本来性情"腼腆"的吃食，也就成为一种忆苦思甜的时代符号了。

処暑

处暑

老桥

　　处暑不是暑，秋风凉里走。处暑过后，天气转凉，自然与人体的阳气都开始收敛，此时的食物需要降燥养肺，以清素为主，譬如小白菜、萝卜、莲藕、茄子、百合等。一袭清素味，千山望秋风。南地所生的阳荷，即是一款别致的清味，荤素相伴、腌炒皆宜。

處暑物候
應為祭鳥
天地始肅
禾乃登者牆

阳荷姜

　　处暑前后，天气渐凉，秦岭南麓会次第出产一种清味。其形似瘦版的橄榄，色泽赤艳，盈盈一握。剥开来，一层一层，有点像洋葱头，但比起身材富态的洋葱来说，它要娇小、亮丽很多，此食便是南方人所称的"洋火姜"。

　　相较于各种皱皱巴巴的姜料来说，洋火姜真是姜科里最为出挑的了。洋火姜的别名有很多，《周礼》中将之称为嘉草，《史记》中称为猼月，《说文》中称蘘菹，《后汉书》中称芋渠，《别录》里称覆菹，《广西志》中称为阳藿，《黔志》中称为阳荷，另外还有洋合笋、山姜、观音花、野老姜、莲花姜等称谓。日本人将其称作茗荷。陕南的老百姓之所以将其唤作"洋火姜"，估计与南地人将"荷"读作"huo"的发音有关。但我还是喜欢它的学名——阳荷，感觉像是"秋阳里的荷花"，沁散着一股通透的清丽之气。

中国南方，阳荷的分布极广，在四川、贵州、广西、湖北、湖南、江西、广东、陕南等地皆有，但北方人对它却是非常陌生的。阳荷适宜肥沃、疏松、湿润、凉爽的环境，性喜阴，不耐高温及强光照射，故多生于云雾迷蒙、雨水充沛的山岭地区，多见于溪河、林下、田埂、坡地等处。阳荷虽然看起来颇具颜值，但其实并不娇贵，无论是野生还是人工培养，阳荷不仅不择地，而且还有一种特殊的芳香味，几无病虫滋扰，生命力极强，是贱而自养的蔬菜，故被百姓所爱。

秦岭南麓，气候温润，适宜阳荷的生长，现在虽有人工养殖，但野生的味道自然更好，不少农户的宅前院内，总是少不了它的身影。稍微平阔的山坡，阳荷聚生更多，也易采便得，是百姓生活里常伴的味觉调剂物。

阳荷是多年生的草本植物，叶子阔度介于玉米和美人蕉之间，呈披针形或椭圆状披针形，叶子背面或有稀疏的绒毛。夏天时，阳荷会开花，总花梗长，花序近卵形，苞片呈红色，甚是好看，因此，阳荷也被当作点缀环境的花木。但在山民眼里，还是更看重阳荷的食用功能。

仲春时，刚刚出土的阳荷嫩芽，可以凉拌或炒食，清素鲜香，颇为可口；夏季时节，红色的花苞甚是惹人喜爱，摘来炒食或与辣椒相混，制成泡菜，或者将其花苞盐渍、酱腌或炒肉，风味很是独特；秋冬时，半没于土下的阳荷根茎肥美味鲜，是煎炒炖烧的绝好食材。

阳荷大抵有红、白两种，白阳荷只是相较于艳红的阳荷而言，因其色泽在白绿之间，稍有浅红罢了。两者中，红阳荷还是更受食客的青睐，无论是配绿的辣椒、黄的鸡蛋，还是白的豆腐，红阳荷都更能挑起人的食欲。陕南所生的阳荷，以红色者居多，围绕在根茎部分的阳荷姜，有些会冒出地面，色泽更艳。山中清凉的秋气，点染着阳荷的色彩，苞体相叠的部分，因为不见光，所以粉白玉润，与受光部分的红色形成自然的过渡，像是用画笔精心晕染的一般。露出地面的阳荷姜，用手指轻轻一掰，即可到手，没入土中的，则需要用锄头采挖。在绿叶的映衬下，阳荷像是一个小丫头，带着让人怜爱的气息。

多么幸运啊！赤艳的阳荷，在树叶渐而零落、蔬菜趋于单调的秋季里，给了人们多么美好的视觉惊艳和味觉抚慰。阳荷的清洗很方便，无须剥开，在清水里揉洗即可，然后用刀切片，切开的阳荷水灵晶润，层层的内部结构更平添了纤秀之感。阳荷的食用方法与其随性的脾性相似，可热炒，可凉拌，可腌渍，也可炖煮，与众多蔬菜肉类的和睦相处，使得个性并不突出的它，经由博采众长，依然别有风采。

在贵州、四川、湖北、湖南和陕南一带，阳荷炒腊肉或许是最受百姓喜欢的一道菜吧，蒜瓣、姜丝、干辣椒、青线椒，这些铿锵的角色都是为了腊肉与阳荷的邂逅。阳荷的本味是涩的，但正是因为如此，它才能自然地接纳和融合诸多襍味，虽没有喧宾夺主，却能被称为真正的味觉统领。经过温度的加持，腊肉的油腻、辣椒的刺激与葱蒜的喧嚣，都会因为它不动声色的醇厚温良而配合默契。

腌阳荷，是多山地区的南方人所擅长的，因为鲜香总是短暂，而乳酸菌却能为他们成就这样的美梦。这时，轻巧的阳荷无须切开，与赤艳的红辣椒一起，被纳藏于深幽的瓷罐之中。在酸的作用下，阳荷使得汤汁呈现出漂亮的水红色，与饱沁其内的浓烈滋味相得益彰，引人流口水。这样的食物，可以相伴农人，在寂寥的冬季给他们以身体的滋养和精神上的补偿。

声名并不显赫的阳荷，却有一个雅号——"亚洲人参"，在日本，这种食材似乎更受青睐，可以说，若没有阳荷的参与，日本料理便会大大失色。据说，日本栽培的青菜约有一百三十种，野生青菜仅占一成，其中最具代表性的香菜便是茗荷。茗荷是日本香辛菜类的代表，因茗荷花、茗荷竹具有特殊的香气、色彩和辣味，因此，阳荷便成了日本香菜界的君王，被广泛应用于小菜、汤、酢渍、油炸、酱菜等日本料理中。甚至，在东京还有唤作"茗荷谷"的地名，便是因为江户时代种植茗荷。

阳荷含有多种氨基酸、蛋白质和丰富的纤维素，具有较高的药用价值。在古代《药性论》《别录》《唐本草》及《本草纲目》等著作中均有记录，阳荷的枝叶、根茎和花果，其祛风止痛、消肿解毒、止咳平喘、化积健胃的药用价值已被数代民众所认可，尤其对于喉炎、便秘和糖尿病有良好的药效。如《雷公炮炙论》记载说："凡使白蘘荷，以铜刀刮上粗皮一重了，细切，入沙盆中研如膏，只收取自然汁，炼作煎，却于新盆器中摊令冷，如干胶煎，刮取研用。"是为民间良方。

因为北地不产阳荷，我便从网上购得，亲手制作，特意品尝。腊肉是在汉中时买的，已经放了半年有余，它们之间的缘分，不会因时空的隔离而断绝，而是会为了这味觉的聚来。

菜油烧热，晶润透亮的腊肉片入锅，使油溢出，这时加蒜片和干辣椒，略作翻炒后，主角阳荷便翩然登场，像是一个秀丽的小姑娘，化解调和了老腊肉那经年累月的沧桑。之后，青辣椒的阳刚之气，又成为巧妙的中介，诸味相生，和而不同。

阳荷，这一种我从未亲尝的秋味，在那天，带给了我生动的体验和对时光的遐想。

白露

　　秋意萧瑟，寒生凝露。白露时，鸿雁归，鸟养馐，农人们也在忙着收获红薯、萝卜、豇豆、辣椒等蔬菜，或晒或腌，制作成干菜或酸菜，为单调的秋冬时节做准备。地里的花生、大豆等也已成熟。这时候，秦岭一带的柿子和核桃散发着浓烈的秋味，为人们的味蕾带来更为丰厚的体尝。

核桃饼

立秋后，核桃逐渐成熟，大街小巷间多了售卖的小摊，新鲜的核桃清香，成为秋季里最初的自然之味。

关中地区南北对峙的秦岭和渭北高原皆盛产核桃，其中，商洛地区的核桃更是全国闻名。有一密友，每到秋冬，总会携带家产的核桃让我品尝。山岭地带的核桃虽然个头不大，但富含油脂，味道甘醇，比平原地带的要好吃。

小时候，常常听到乡里流传这样的话，"山里的核桃——砸着吃"，即是指其外壳坚硬，借此寓意人的执拗需以强硬的措施来对待。核桃属于坚果类，优点是便于保存，采摘下来，晾晒干净，即可越冬，对于生活设施简单的农人来讲，这是最易纳藏的果类食材了。因此，在我小时候，每到亲戚家，总有温暖的大手伸过来，往兜里装上几个核桃和几枚糖。那时，对于关中平原地区的很多家户而言，核桃也是稀罕物，只有到每年的春节前后或许才能吃到它。

我至今还清晰地记得一些场景，在过去的婚礼上，司仪会将硬币、糖果、枣子、花生及核桃相混，盛于木斗中，往人群里抛撒，馋嘴的孩子们于是乱作一团，一通疯抢。以核桃、花生和枣儿来寓意早生早育的风俗，在全国南北皆有，到当下仍是不衰。抢到手的坚果中，最令人发愁的就是核桃。想恰到好处地吃到核桃仁，并不是蛮力所能解决的。那时没有恰当的工具，只能用砖石砸，手劲轻了，核桃不易分开，重了，则核桃可能会被砸成碎末，很多时候举起砖石来，未及砸开核桃，倒是手指先受了伤，让人甚是无奈。

在缺少油分的年代，核桃曾经是多少人垂涎的美味，同时也极受珍视。那时孩子们吃核桃，要手捏一枚大针，凡是果壳缝里的核桃仁都要一一掏食干净，油而香醇的核桃果仁是对孩子们最大的吸引。

核桃除了直接食用，还可泡水来喝，不过所泡的不是核桃仁，而是核桃仁中间的分心木。刚刚成熟的核桃脆嫩清香，打开后去除分心木，用纸袋装好，放置数日，待其稍干，便可用来泡水喝，有补肾、催眠、活血之效。用核桃仁做成的美味更是诱人，煎炸烹蒸，花样繁多。如今，餐馆里常见的如琥珀桃仁、三七苗拌桃仁、八宝甜饭等，多少都有核桃的身影，用核桃制成的糕点糖酥以及汤品则更多。

在秦地，用核桃做成的传统美食主要有两类，核桃饼和包子。

其实这种吃法广见于全国各处，凡是核桃的产地，总能发明出简便易行的烹饪方法，只是这种美食源于何时何处，已经无从考证了。唯一吃过的一次，是在麟游的朋友家。暑期炎热，麟游倒是好去处，境内层峦叠嶂，气候宜人，隋唐两代，这里都建有皇家贵族的消暑行宫。麟游处于深山之中，以富产核桃而闻名，2014年，该地被中国经济林协会命名为"中国核桃之乡"。所以到了麟游，核桃饼是我最想吃的，这种时令性的美食，街市上买不到，就只有求助友人了。

因为有约在先，朋友的妈妈早已发好了面，只等我来。面是发面，与做其他馍饼无异，将揉压筋道的面擀成饼状，撒上食盐及五香粉少许，然后将事先备好的核桃浆涂抹其上。核桃浆的加工不难，取当年的新核桃最佳，去壳后将核桃仁在铁锅内焙热，受热后的核桃仁表皮胀炸，用手轻搓便可去掉，这样做，是为了去除核桃皮的苦味。去皮后的核桃仁依然干脆，放入碾槽中将其粉碎，大小如瓜子仁，然后连同榨出的油汁一起备用。这种核桃浆可以装瓶封存，随时可用，也可现做现用，当然，现做的核桃浆味道更好。接下来的步骤是将抹了核桃浆的面饼卷成圆筒状，再用刀将其切成小段，然后截面朝上，用手将其压成小饼状。事先抹好的核桃浆便成为螺旋式的层状，与面粉进一步融合，压好的核桃饼需要入油煎炸，以保证外焦里嫩。

核桃饼大抵分为甜、咸两种。饼层的多寡也由厨师自定，要想层数多，即在将抹好核桃浆的面饼切成段之后，将圆筒状的面团旋拧几周，就会成为多层的核桃饼，层数越多，越是酥软。

核桃饼的制作并不复杂，我在一旁观看，大娘一边熟练操作一边不断讲解。十几分钟后，两盘油滋滋的核桃饼便端上了桌，并配了一桌菜。经过味觉的筛汰，这些蔬菜已经勾不起多少食欲了，只把未曾尝过的核桃饼吃了几个。被核桃油浸过的小麦面，酥而清香，再加上核桃仁脆脆的口感，质朴而温馨。调和了各种味料和菜籽油的坚果碎，通过擀、揉和拧的挤压，更加渗入到面粉里，因此在高温的加持下，植物油的香味与面粉的本味相契，便互融出了令人意想不到的素朴奇味。

核桃饼在每年中秋前后做得最多，那时正是核桃成熟的季节，而且庄稼收割过后，也是山乡农人的休闲期，用新鲜的核桃制成小饼，是对月神的虔诚敬意的表达，也是对自我生活的调适与静享。

麟游当地，除了核桃饼之外，还有包子的吃法，为了避免核桃浆过多的油分，可在其中加入花生浆，这样味道更好。还有在核桃仁里拌入粉条、肉类等吃法，亦是花样多多。

年关时，我到陇县看社火，见餐馆里写着核桃饺子一目，于是要来品尝。苦苦的清味里，舌面滑腻，很是特别。

　　这样的质朴美食，对于外乡人而言，是可遇不可求的一种邂逅，对于本地人而言，也是重温乡土气息的精神体尝吧。人间美味，其实有时无须复杂，就像《考工记》里所说的，"天有时，地有气，材有美，工有巧，合此四者，然后可以为良"。而这里的"巧"，并不一定是指精细，而是指人工之技与自然物性的契合。

秋分

秋分时节，阴阳各半，昼夜均分。秦岭南北的树木颜色也显现出冷暖下的明显差别。山核桃刚刚收获，野山栗又接连落果，山区与平原之间，因为此食而紧密关联。在阴冷的深秋时分，热吃的栗子不仅带给人们味觉上的甘甜，同时也带来身心的温暖。

雷始收聲蟄蟲坯戶水始涸

此秋分時節之物候也其在八月中
丙申秋日將至 老牆作于鳳過耳堂

毛栗子

白露核桃，秋分栗子。

第一次酣畅淋漓地吃栗子是在太白县。1994 年的国庆节刚过，我们就在老师的带领下，登上秦岭写生。未想到的是，渭河平原的"秋老虎"还未退尽，太白山上已是大雪纷飞了。那段日子里，我们这些十七八岁的小青年，第一次真正领教了"太白积雪六月天"的现实含义。我们撑着伞，风骤难行，鹅毛大的雪花飞来，像刀片一样割脸。同学们只能在躲风的地方支起画板，描绘这罕见的秋景。

某日，实在是冷得受不住了，我们就逃到了同学家里。几个人坐在炕上，同学的父亲用大搪瓷盆端来满满的炒栗子，于是，内心温暖，味蕾激昂，整整一个下午，我们都在任性地剥栗子。

每年秋分，秦岭一带的栗子就上市了。那时，太白县城的街道上满是卖炒栗子的小贩，一个个蜂窝煤炉子沿街道摆开，农家的小铁锅里放上粗砂，热气腾腾，香味四溢，成为这个小小县城的金秋一景。

在我居留过的三个地方里，炒栗子我都尝过，分别是北京怀柔、苏州东山和关中秦岭。人人都说本地的好，但我吃得最香的，还是怀柔的栗子。

因为栗子外壳有刺，故而也称毛栗、茅栗和凤栗。栗子树是原产于中国的古老树种，也是我国先民最早种植的果树之一。栗子果实饱满，味道甘醇，因此在《诗经》中，先人用"实坚实好""实颖实栗"来形容谷物的丰收。

根据外形来分，栗子有两种，一种是锥栗，主要产于南方的丘陵山地；另一种是板栗，扁平个大，在我国北方的诸省都有。

栗子补肾效果极佳，除此之外，中医认为此果有健脾壮骨、平肝护胃的作用。关于栗子的药用功效，在《千金方》《别录》和《唐本草》等典籍中早有记载。

由于长安在中国历史上的特殊地位，秦岭之中的板栗久负盛名。考古工作者在西安半坡遗址中，曾经发掘出供食用的板栗。另据《三秦记》所载："汉武帝栗园，有大栗，十五颗一升。"汉武帝时期的栗园，是专供皇家享用的苑地，地址即在今西安市长安区沣峪口的东侧。但实际上，秦岭内腹的栗子会更好，每至深秋，山道边满是熟透的栗子，像是一只只小刺猬，从树上掉下来，裂落一地，山民们珍惜山味，挎篮捡拾。茅栗体小，但极甘香。今年国庆，我去位于秦岭深腹的黄柏塬镇，寻访一位传承古法的酿酒师，他用来招待我们的吃食就是山栗，小若指头蛋，用刀在顶端切口，然后放入电饼铛，一刻钟余，热烫的山栗便端上了桌。深赭的果皮衬着金黄的果肉，再加上在寒气里蹿升上来的馨香味，极其诱人。我提议斟了新酿的酒，配着温热甘绵的山栗来饮，虽然吃食简单，口感和心情却是很好。

栗子的吃法有很多，自古以来，人们就不断探索，找寻其与饭食之间的美妙契合。烧炒蒸煮，样样皆可。如板栗鸡、板栗鸭、板栗羊肉、板栗粽子、板栗粥，以及各种各样的板栗汤等，真是蔚为大观、丰富异常，只要在网上略加搜索，就可以发现上百道与板栗相关的菜肴。

离开太白时，同学程丽丽执意和丈夫前来，提着一大兜颗粒硕大的板栗，想让我重温当年的情谊和美味。

从秦岭之巅的太白县到渭水之滨的老家，现在仅需两个多小时。对于带回来的山栗，父母很是喜欢。第二日，妹妹去镇上买了鸡肉，做了板栗鸡。板栗用小刀启口，剥去硬壳，用沸水略煮，剥去栗衣，与鸡肉、土豆、香菇同炖，末了，再撒上自家菜园里的蒜苗和香菜，一锅浓香的秋味便沁人心脾了。在家的那几天，我们天天都在吃栗子，父母对于毛栗子的喜欢让我有点意外。于是，在电饼铛里烤栗子，白水煮栗子，在火锅里涮栗子，真是把以前不用的方法都用了。而且此前也从未觉得栗子与我有如此亲近的距离。

炒栗子是最简便和普及的吃法，重要的是，不与他食相混，故而不遮栗子的本味。每到秋冬，秦岭南北的县市乡镇都会有炒栗子的商贩，而且此食都是现炒现卖，在阴冷的时日里，实在是暖手又暖心的存在。

因此，从"秋风吹渭水，落叶满长安"的季节开始，到寒冬结束，炒栗子与烤红薯一直都是人们的味觉钟爱。

寒露

寒露　老憍

　　秋水重，寒露凉。寒露时节，秋收秋播，甚为繁忙。秦岭北麓
的人们忙着播种小麦，栽种大蒜。南麓的乡民已经收完水稻，准备
着播种油菜和蚕豆。农家人的场院上也在晾晒芝麻，备磨香油；地
窖里，则储藏了萝卜、白菜、土豆等蔬菜，预备好过冬。洋芋，这
个其貌不扬的朴实食材，最受秦地人的喜欢，而多变的菜式，也显
现了洋芋在融入西北生活的过程中的随性哲学。

洋芋糍粑

　　入秋不久，秦岭南麓的柞水县，洋芋已经收获。山民们在老屋的房檐下挂起自编的竹篮，里面盛放的是核桃和洋芋，这样通风，不易腐坏。

　　蔡虎的父亲去年刚刚做过两场手术，身体尚在恢复中，但他还是等待着我们的到来，并要为我们亲手制作当地的特色饭食——洋芋糍粑。蔡虎说，刚刚收获的新洋芋，最适合做糍粑，要是过了深秋，洋芋久搁，糍粑的味道就不那么鲜糯了。

　　洋芋糍粑也叫洋芋搅团，是曾风行于西北山地的一种家常食物。洋芋，也叫土豆或马铃薯，应该是最为中国百姓所熟悉的蔬菜了。这个全球种植范围最广的蔬菜，在善做搅团的西北人那里，被捣鼓出了颇具魔幻性的物态转型。一道同去的子昂后来说，糍粑秒杀肯德基的土豆泥！

"洋芋"的叫法明示它来自异域的身份。在《改变近代文明的六种植物》一书中，日本人酒井伸雄叙述了这个原产于新大陆的植物从欧洲遍及全球的过程，以及它为人类战胜饥饿、求得生存所做出的巨大贡献。当然，这本书并不着眼于展现洋芋在全球各环境中具体的食物形态，因此，我们对于该植物究竟在人类饮食中衍生出多少种食物形态并不十分了解。在陇山和秦岭一带，我们大致了解的洋芋吃法有很多，如烤洋芋、煮洋芋、蒸洋芋、洋芋锅巴米饭、洋芋丝果果、洋芋片（或丝）汤以及各种炒菜、炖肉等。蔡虎说，他们本地人，一日三餐吃洋芋，一点也不夸张。

柞水县九间房乡是陕南最盛行吃洋芋糍粑的地方，这里自古土地狭仄，水田少，小麦、玉米产量亦不高，因而洋芋便成为主食的补充。当地流行的民谚说："万青九间房，洋芋当主粮，姑娘来看家，糍粑打得响。"由此可见他们对于洋芋糍粑的珍视。平日里，山民们吃洋芋糍粑并不多，但若遇到亲友来访，洋芋糍粑便是必做的，尤其是女儿看娘、准媳妇看家这样的欢喜事，洋芋糍粑便成了山民们表达盛情的标配。

据说九间房一带，山民们所种的叫"陕北洋芋"，但因山地土质黏瓷，故而长得娇小。用来做糍粑的洋芋通常以鸡卵般大小为宜，事先剥去皮，放入锅内煮，大约二十分钟后，洋芋煮透，散逸出淡淡的清味，甘香如饴，晶润如玉。接下来，洋芋将要离开水的温柔，进入糍粑窝，在木与石的撞击中，经历一场粉身碎骨的千锤百炼，形味涅槃。

屋侧的糍粑石似乎已经有些迫不及待了，蔡虎的父亲将洋芋倒在其上，颇有些仪式感，如丝的清气飘起来，与磐石形成鲜明的刚柔对照。他说，以前的人们不辞劳苦，每家每户都有糍粑窝。这种糍粑窝即是石臼，通常半米多高，由一整块石头凿挖而成，它可以用来舂米、砸辣椒面、粉碎调料，甚至是剥离谷物的皮壳等，对于没有电力动能机械的山乡人而言，此物异常重要。可以想见，制作这样笨拙的食物加工器皿，工匠们要耗费多少的时间与人力，然后才能将石料掏出一个光滑的凹窝来。近二十多年来，由于分家易户，或者村庄乔迁，糍粑窝不易挪动，便多被主家丢弃了，这时候一些较为平整的石头或者石磨盘，便被用作替代物，名曰糍粑石。

打糍粑不仅是力气活，还需要身体的感知和对力度的调节。先是按压，而后捶打，尤其是在平阔的糍粑石上，洋芋先要用木槌头按压使之破碎。等热熟的洋芋完全破开之后，蔡虎的父亲举起木槌开始捶打，这时候力度是轻的，因为洋芋的淀粉还未被激发出黏性。慢慢地，如山栗一般干面的洋芋开始在木槌不断地锤击下发生变化。富于节奏的人力给淀粉以锤击，同时获得反作用力，这是人类出于对物性的了解、身心相应的智慧性契合。外力的锤击和打压，使得淀粉纤维在反弹的过程中彼此交融，洋芋因之逐渐变得滑韧黏糯。我们看到，开始时用得比较轻松的木槌，到后来已经变得难以拿起来了，于是，年轻的蔡虎和父亲换着来打。洋芋浆膏的黏度从视觉上来看，竟不输于蔗糖，当木槌被吃力举起的时候，丝带状的白条在空中划出一道弧线，然后又被木槌锤压在石面上，发出铿锵的撞击声。

木槌的头部约有一尺长，直径15厘米左右，这个物什，通常用枣木、梨木或核桃木制成，这些木料质地紧密，不致因重力击打而破裂。但是，蔡虎家的木槌，由于长期使用，两端已经被磨圆了。我们不禁在一旁慨叹，世间的物质真是奇妙！石头、木头和洋芋三者的相遇，不是暗含了事物刚柔的彼此相克与彼此成就吗？三者之间关系的建立，源于人类思维对自然密码的发现，以及人力动能的微妙调节和持续介入，通过不断的捶打，洋芋泥也就愈趋黏糯和绵韧。从核状到絮状，再从泥膏到糊状，洋芋糍粑像是在呼吸，开始不断呼出气泡。蔡虎的父亲说："对咧！"

蔡虎的父亲少言寡语，但在行动的细节上绝不马虎。前后大约半小时，洋芋糍粑便成形了，它需要离开糍粑石，进入厨房，在那里，它将与蔬菜和调料相遇，从而完成作为一种食物的完整仪式。

洋芋糍粑与玉米面搅团相类，都是黏糯的淀粉糊膏物，只是后者的可塑性更强，可以被加工成更加丰富多样的形态，比如漏鱼、切块、拨鱼和凝团等。而洋芋糍粑由于黏度过强，因此只能做成凝团，而且，这种在户外捶打而成的食物，冰冰凉凉，故而需以热汤辅助来吃。

因有汤水，比较暖胃，因此在洋芋储藏的秋冬季节，洋芋糍粑更受山乡人的喜欢。那时候，可将萝卜缨子焯水，入汤作为配菜，红萝卜丝、洋芋丝和豆芽的加入，更会使这一碗软软糯糯的洋芋糍粑成为触觉和味觉的交响曲。

蔡虎父亲做给我们的是浆水汤，简便易行，滋味悠长。热油炝锅，浆水加热，几勺浇下去，再带一些泡菜的茎干，如水芹菜、石荚菜或花辣菜等。打好的洋芋糍粑用铲子抄起，如鱼儿卧于热汤之中。吃的时候，用筷子夹起小块来，在汤里沁润一下，等温度稍升，然后入口。脆韧的蔬菜与黏糯的搅团在口腔里相遇，触觉的层次又多了些许。另外，再辅以自家种的小葱切丁，红辣椒片在中央点睛，真是色与味的双重诠释和点题。

那一天，我们每人足足吃到腹撑。蔡虎的父亲因为身体原因只能吃煮洋芋，却在一旁不住地招呼和鼓励："多吃点！多吃点！我们这里的糍粑最好吃了！"

每年的农历八月间，柞水人开始收获洋芋，这个在田土里生长了半年的蔬菜，终于要破土面世了。这时，农民最能犒赏自己且最快的吃法就是用洋芋小仔切片烧汤和做洋芋糍粑了，山里的菜虽然种属不多，但却因为纯良的环境而保持着蔬菜的天然本味。尤其是亲戚友朋的到来，更赋予了洋芋糍粑欢乐团圆的人文意味。

洋芋，这个最其貌不扬的蔬菜，能够在百姓生活的情致中被人们任性变换，并经由身力的深情表达，在沉寂孤荒的秋冬里带给农人们身心俱暖的日常家味。

洋芋丝果果

洋芋虽是蔬菜，但在饥荒的年代里，它也常常被当作主食。因此，相对于大多数蔬菜的锦上添花，洋芋在中国人的生活里，代表着朴实的情感。

位于秦岭深腹的留坝县，虽不很适宜洋芋的生长，但是作为土地稀荒的地区，利用一切可以耕种的土地在土里刨食，已成为山乡人的心理习惯。因此，只要是稍微平整一点的土地，你就会看到那其貌不扬的植物——洋芋。

山乡地区不像平原，五里三乡，一走一转，土地状况的差异便很大，故而生活方式也不同。一位农妇告诉我，因为缺少蔬菜，二三十年前的留坝人甚至坐车到汉中去买菜，为的就是能够尝到鲜。但是，在诸多蔬菜里，最让他们心里踏实的就是洋芋。因此，留坝人不断换着法儿来烹制，让这个灰头土脸，但实实在在的蔬菜充满了惊奇与花样。譬如洋芋宝宝用来炖肉，大的洋芋则切成片片，焯水晾干，制成洋芋干，在蔬菜匮乏的时日里，洋芋干用温水泡开，炖肉或者爆炒都可，还可以用油煎炸，蘸着蜂蜜来吃。还有洋芋搅团、洋芋米饭，都是留坝人奇思妙想的成绩。当然，炒洋芋丝、洋芋片就更不消说了。

而此处想说的是留坝人极喜欢的一种小点心——洋芋丝果果。在我看来，将其称为"洋芋丝裹裹"可能更为确当。因为它是洋芋丝裹了面粉炸成的，黄柏塬人将其称为"洋芋丝粑粑"。

不论在农家还是在县城乡镇，都有洋芋丝果果的身影。我很疑惑，难道这个山乡之地历来不缺油吗，怎么会有这么多油炸的食物？因为裹了面的东西，自然更加费油。

那一日，大学同学刘勇约了同事来玩，采完竹笋，再到小留坝村里去吃土灶鸡。女厨是村支部书记的老婆，早年从事婚纱摄影，近几年村里开发民宿，相比之下，城里人的口味更加刁钻，于是，她去重庆专门学了土灶鸡，自家生意居然火爆起来。土灶鸡是很好吃，但我更感兴趣的是她所配的几种本土小菜，洋芋丝果果就是其中之一。

洋芋丝切好，撒上适量食盐，同时将诸多调料粉加入，腌二三十分钟，经过腌制的洋芋丝便会泌出水来，这时，取适量干面粉匀洒拌入，便可入油锅煎炸。这种看似简单的烹调手艺，其实重点在于对油温的掌握和成色的观察。一切都是经验。

炸好的洋芋丝果果很有热情的灿烂感，端上桌来，就像是主家待客的心情。在所有炸物里，洋芋丝果果是最为爽脆的，有些像馓子，但与馓子的酥脆比起来，它更有铿锵的坚脆口感，一团一团，橙黄如金，像是油炸的螃蟹。这是我在秦岭山里吃到的最为形美味佳的洋芋丝果果了。

洋芋锅巴米饭

留坝人的稻田越来越少了，但米饭依然是他们最为依赖的生活主粮。

某日，我在菜市场里与一位李姓的老妇聊天，她动情地回忆起十几年前的村景，说道："以前啊，村北全是大片大片的稻田，鸭子游来游去，里面鱼儿很多！"可是如今，这里已经变成了正在建设中的一个公园——花海。快七十岁的她，生活的最大依靠就是暂存的两分多菜地。每天早上六七点，她用架子车拉着自产的各种蔬菜到市场里，一直守到午后三四点，然后再回到菜地里，继续准备第二天的菜。一天收入三四十块钱。

中午时分，儿媳妇给她送来吃的，是自家做的洋芋锅巴米饭。

留坝人还保持着陕西人对土豆的传统叫法——洋芋。每年开春，当地人会在并不宽绰的土地上劳作，尽力使之平整，然后将块茎繁殖的洋芋按芽眼切成小块。他们还有一个诀窍，是将其放入草木灰中翻滚，这样洋芋的切口便会粘上厚厚的草木灰，从而起到杀毒的作用。整理好的土地开了沟，再挖好兜坑，就可以下种了。但需注意的是，芽眼一定要朝上，要不然洋芋便会在生长的过程中来个"倒栽葱"。

对于洋芋的栽种，《留坝厅志》中有较为仔细的记载："三月中旬，出藏种，剖为数个，劚土，加粪而栽之。每尺余一科，苗长二尺许，花尽子熟，实即累累垂根下。一科率五六枚，枚紫皮，大者盈拳，窖藏之，可当终岁粮。二十年前，厅属山地胥产之，人食之余，或饲豕，或磨粉，均适用。近以雨多，地寒不生，生者为白皮种，春种夏收，沿河平地始有之，然亦只供蔬菜用耳。"

清明时节，留坝的洋芋开始冒芽。温差较大的秦岭山地，洋芋长得比较慢，产量也不如黄土高原地区的高，从体量来看，最大的洋芋也超不过拳头大小，但是留坝产的洋芋，淀粉和糖的含量都较高，吃起来很糯，故而本地人便用它来做洋芋糍粑。

这种不易生虫且适于久放的蔬菜，很受百姓们的喜爱。农历的五六月间，留坝的洋芋开始起土。秋冬两季，它都是当地百姓不可多得的好菜。

那些小如鸟卵的洋芋，留坝人会用来炖肉，几乎不用去皮，可与腊肉、豆腐、木耳、蕨苔干菜或干豇豆来炖，实在是绝佳的美味。还有一种至今依然普遍的吃法，是将洋芋切片，焯水，然后在暖阳下暴晒，使水分散出，成为暖黄而半透明的洋芋干。等吃的时候，洋芋干用温水泡开，与腊肉、豆腐、蕨苔干菜或干豇豆同炖，既有劲道的口感、腊肉的醇香，也有沁入细胞里的阳光的味道。

而洋芋锅巴米饭，却是农家人并不奢侈且日常可得的美味。

简单的步骤是，适量大米入锅，煮至三成熟，然后盛出，洗锅滋油。洋芋去皮，切为栗子般大小，在水里浸泡去淀粉。然后放入锅内热油里稍作翻炒，再将半熟的米饭糊在洋芋之上，盖锅盖中火旺烧。十五分钟后，锅盖掀起，温柔的绵香味便会扑鼻而来。

洋芋锅巴米饭之所以是留坝农家饭的经典，源于铁锅和硬柴两大要素。导热性极佳且利油的生铁锅，再加上旺焰的硬柴火，便可使洋芋与米饭温软的身体在高温里快速亲和，正是在干面的洋芋块向米粒索求水分的过程中，其各自的味道得以互沁和交换，大米也变得颗粒松散喷香。更添彩的是，最贴近锅底的米饭，经由旺火的炙烤而变成了锅巴。这一部分背离温润本性的米饭，恰恰成为此饭口感的铿锵调剂。

那一天，杨菊新大姐带我去柳川村调研庖汤，午饭便约到了早年的朋友家。主妇备了三个菜，木耳鸡蛋、爆香洋芋干和豆腐炒竹笋。对我来说，最诱人的恰是那铁锅里的洋芋锅巴米饭，铁锅乌亮，米饭素白，洋芋金黄，再加上隐约显露的赭红色锅巴，实在是诱人。于是，风扫残云，囫囵吞之，那是一顿酣畅到令人几乎无法换气的农家美味。

遗憾的是，这种简单而别致的吃法，是电饭锅无法做出来的，换了电磁炉也不行。不少在外的留坝人常常慨叹说："过一阵子就想吃了，自己没法做，就回家来。但是不知道以后若没了土灶和铁锅，还能不能吃到洋芋锅巴米饭了？"

后来，我也在汉中市区吃过洋芋锅巴米饭，但味道的确是差了很多。有些食物，总是那么单纯而固执，它仿佛就是与特定的环境共生的，无法被替代，也不能被优化。它曾经给了你身体的满足和情绪的欢乐，也必然驯化了你的味觉记忆，无论你走多远，它总会在你的身体里发出提示，让你回想起曾经生活的环境和岁月。这时，那种味道不仅会带给我们温馨和欢乐，可能也会杂糅着某种眷顾和感伤。

霜降

霜降 老憍

秋冬交替，化露为霜。霜降前后，手脚已经开始受冻，早上的草茎，踩上去喳喳作响。这时候，菜圃荒芜凋敝，草木枯黄。人们需要护体保暖，以食物来增加热量。凉菜很少吃了，炖煮即将成为最常用的制食手法。村庄里袅袅的炊烟，最能诠释动人的市井生活。

魔芋炒酸菜

十几岁的时候，魔芋出现在了我的食谱中，这种状如豆腐但富有弹性的东西，让人觉得很是神奇。我自小惯吃洋芋，对它自是熟悉，知道它如何种，如何长，开什么花，生什么叶，何时收获，怎样加工，等等。但对于魔芋，我一无所知，觉得甚是魔幻。

起初，我并不怎么喜欢吃魔芋，一是本来农村的饭食就简单，没什么好的搭配菜，二是我那时认为魔芋是个人工合成的食品，就如同人造肉，真的，它的口感像极了"人造肉"。

直到我知道了它奇异的长相，才知道冤枉了它那么多年，而且，它还是个能干的刮脂神器，所以有段时间，我对它表现出了不同以往的亲昵。

其实，关于魔芋刮油减脂的功能，中国古人早就有所认识，将之称为"去肠砂"，的确，魔芋有一种沙沙的感觉。魔芋奇异的长相有点像是天外来物，像是飞碟上掉落的生命，一头扎进了泥土里，外面露着一根长长的杆子，身体则藏在泥土里，时刻收听有关人类的秘密。它有一个冷僻的学名——蒟蒻。中国古人将它称为"妖芋"，哈哈！

魔芋在中国南方很是普及，向阳的山坡上、树林间，都是它的生长环境。不过因为它丰富的营养价值，中国人早已培育且大面积栽种了。

陕南的魔芋农历四月下种，六个月后，倒苗收获。

正是霜降时节，魔芋成为陕南人餐桌上的新宠。

在我看来魔芋有点高冷，它不像洋芋、红芋等，一结一串，而是独独的一个大包，有点像是提前埋进去一样。新出土的魔芋有一层乌褐的外皮，需要将之去掉。黏黏的魔芋汁有微毒，所以去皮的时候最好戴上手套（不过我就不知道古人是怎么办的了），去了皮的魔芋要赶紧切块没在水里，不然非常容易氧化变色。

凡是被称为芋头的食物都很实在，没有核也没有籽。在没有电动粉碎机之前，加工魔芋都用擦子来处理。将那种有细密小孔的擦子，搁在盆上，拿起魔芋来，不断摩擦，魔芋便会成为碎渣状。粉碎后的魔芋渣是需要去煮的，要不然它不会成为豆腐的样子，陕南人索性将其称为"魔芋豆腐"。那种经过蒸煮而凝结的粉状食物，他们都会这么笼统地叫，这也是我之前一直觉得魔芋是人工合成食物的原因了。

铁锅里盛水，魔芋下入，水开后，用木棍不断搅拌，原本牙白色的魔芋变成了水泥色，这时候，真是有点难以下咽的感觉。魔芋粉很容易熟，大约十五分钟，便可以停火了，可以盛出来置放在另一个容器里，也可以让它在原锅里凝结。凝结后的魔芋像小娃娃脸上的胶原蛋白，紧致、粉嫩、水润。

魔芋本身没有什么特殊的味道，还不如豆腐，因此，佛系的性格注定了它总能随遇而安，与他物友好相处。尤其是在喜欢吃肉的云贵川地区，魔芋大行其道。这种食物，含有多种氨基酸、粗蛋白等成分，尤其适合糖尿病人和肥胖人群食用。

在我看来，虽然魔芋不哼不哈，但它的大块头以及特别的口感在对别物的味道兼收并蓄之后，又总能成功抢镜。

在很多南方人的心念里，与魔芋最好的搭配可能是烧鸭，但此食对绝大多数老百姓而言，并不是常吃的。所以，我想说说陕南的魔芋炒酸菜。

酸菜对于陕南人可说是每日相伴的家常味道，民谚说"三天不吃酸，走路打颤颤"，这"酸"说的就是酸菜。山地里所长的油菜、白菜、包包菜、萝卜缨子、豆角、辣椒、黄瓜，还有野生的花辣菜、水芹菜等，都是制作酸菜的好材料。陕南人不仅用它来当醋补酸，也用它来醒酒、去腥或解油腻。无论是荤素炒菜、烧汤、炒米饭还是面条，酸菜总是无处不在，须臾不离。

去年秋天我到留凤关调研，到了晌午主人家留饭，一脸的欢喜与诚恳，说："尝尝我们的魔芋呗！"在母亲的要求和训练下，我从小就喜欢待在厨房里，烟火的亲近感让我心里温暖且踏实。

女主人从坛子里取出酸菜来，是初秋时的小油菜，切段，入锅，不放油，干煸一两分钟，酸菜的香味随着水分的挥发而升腾。然后另起锅，投入事先剁好的肉末，然后加入蒜瓣和姜丝，在不断的搅拌中，爨味十足。这还不够，女主人放入了红艳艳的辣椒段，亮色又提味，她笑着说："放点辣椒，味道又会升几个八度，好吃！"略微翻炒后，焯过水的魔芋粉嫩登场，欢跳着跃入锅内，这一下，锅内呲呲啦啦的响声不断，像是大家在为魔芋的到来而欢欣。快要起锅时，脆生生的蒜苗段再来补味，各种食材的味道在大合唱般的组合中各显本色，跌宕起伏。我们坐在小院里，田埂的不远处就是小河，不时风起，有叶子落下来，家里的两只小狗在一旁玩耍，真是有无限的惬意。这时候，男主人递过筷子来："农家的饭，不咋好吃，但都是我们自己种的，放心！"

那一瞬间我在想，对他们来说，四季轮回是天道，自食其力是生计，不知他们如何看待水泥森林里的那些人，很多城里人对这种亲近自然与人心质朴的生活似乎早已麻木，或者说，这种生活成了他们的奢望。在更多的人那里，种种的童年回想，权作一种心灵的寄托吧！

立冬

立冬

老樵

对植物来讲，春生夏长，秋收冬藏。一入冬，时令的性格也变得沉稳，敛缩内蓄，休养生息，温度降低后，时间似乎也被拉长。回味是冬日的调性，食物的味道也不再那么热烈直率，而是注重温厚与绵醇。

白火石氽汤

立冬前后，秦岭的颜色由暖转冷，在气温的调节下，万物也开始敛藏回缩。这时候，处于山坳间的汉阴县，时常会被云雾所弥漫，等待雪花的降临。

河流虽然没有结冰，但不难感受到冰冷。吴大姐提着篮子，在河边寻摸一种石头——白火石。

白火石的叫法具有一定的区域性，在各地的意指也不同。这种洁白的石头在河滩里多见，是经河水不断冲刷、撞击而成，是硅质岩石的一种。与普通的鹅卵石相比，白火石的质地更为坚脆，因此，它很少呈现为圆溜溜的样子，而是稍有棱角。在民间，这种石头具有一定的神秘性，因为它可以打击出火花来，因此也被称为燧石或者生火石。羌民所崇拜的白石，是羌族地区十分常见的一种乳白色的石英石，羌语称为阿渥尔。只是不知，汉阴人用它作为汆汤法的食具，是否与此相关。

汆是一种烹饪的方法。从字面来看，即指将食物投放于水中。但没有说明，水其实是煮沸的汤。食物放进去，随即捞出，这种生汆的办法因为速度很快，能够防止食物的养分因高温烹调太久而流失，或者防止食物本身变老、变黄，是快熟而保鲜的一种有效制食方法。

用烧热的白火石汆汤是远古时期石烹法的延留，也是中国烹饪史上不多见的特例。

吴大姐的祖上于乾隆年间由湖南迁居于此，劈山垦田，经营家园，每遇隆冬宴庆，白火石汆汤便成了他们颇具仪式感的一道美味。只是目前，此食的来龙去脉已经很难说清。

吴大姐将从河滩里捡回的白火石洗刷干净，再架到炉子上去烤，通常，烧白火石要用木炭，保证其充分受热。这档儿，她开始准备别的菜。这道菜所汆的食材，首先是肉。肉通常有两种，一种是五花猪肉，另一种是鱼肉（以草鱼或黑鱼居多），也有将两种肉和在一起来做的。吴大姐抡起两把菜刀，将肉与葱花反复剁碎，成为酱状。然后再准备其他配菜，分别是小青菜、豆腐和木耳。这些菜品简便易行，须臾工夫便能备好。

白火石汆汤还需用一种圆肚深腹的砂锅，口沿处微收的最好。预先剁好的肉酱还需加入葱花、姜末、花椒粉、芡粉、蛋清、精盐、醪糟汁等调料，用手拌匀后再将其揉捏抟握，然后薄薄一层贴附于砂锅内壁，肉酱饼子上沿厚，底层薄，平均厚度0.5厘米～1厘米。接下来，将切成片的嫩豆腐排在砂锅底部，撒上少许食盐，再放入小青菜、木耳、枸杞、当归、香油等，然后注入半锅汤。

等这一切就绪时，需在砂锅口蒙盖一块过滤用的纱布。纱布要尽量选择纯棉质地，折叠两三层为好，这样能防止异味的产生和白火石遇水炸裂时的杂质进入汤内。好玩而略带惊险的时刻，通常是在大家围桌而坐的时候，白火石汆汤置于最中央，无论什么时候，它总是当仁不让的主角。

一家老少满心欢喜，正在等待这一时刻的到来。吴大姐一边嘱咐大家，一边将烧至两百多度的白火石投入砂锅中。一时间，白火石释放出巨大的热量，冰水与热石相遇，水泡四溅，白气升腾，激发出噗噗的声响。为了保持热量，吴大姐赶紧盖好盖子，虽然视觉受了局限，锅内的动静依然浑厚而激烈。

大约三分钟，白火石的热量基本释放殆尽，锅内的食材也就汆熟了，打开盖子，一股清香味便扑鼻而来。吴大姐刚一提起纱布，家人的筷子就已经迫不及待了。

白火石汆汤的独特之处，自然是其以石汆汤的烹饪方法。与之相近的，还有西安人喜好的鸡蛋碰石头，这种制食的办法来自石子馍制作工艺的启发，栗子般大小的鹅卵石在铁锅里烧热，然后将鸡蛋清浇上去，瞬间即成。还有流布于甘青川藏地区的羊肚包石头，将羊杂碎和各种调料塞入羊肚，再将埋在牛粪里烧得滚烫的鹅卵石投入其中十五分钟，被石头烹熟的羊肉具有十分特别的滋味，这种古老的石烹法，当地人称作"道食合"。这些古老的制食之法，折射着人类因陋就简而又巧借物性的生活智慧。

到目前为止，白火石氽汤这道菜还流布于汉阴地区，它是秦岭腹地的山民们在冬季里团聚享食、交流情感的枢纽。虽然我们已经无法真切知晓它与特定族群之间的共生基因，但它能在千万年后依然被部分民众所钟爱，就已经是颇为难得的文化延续了。

亦可果圃脆複
奇果圃宜乾
植此宜乾
紅娘子
人間情味甘
壬寅秋月寫此於右圃長
发嵗挹山居紅煮云

小雪

　　山野风起，雾色迷蒙。在银灰色的日子里，最适宜的状态是"拥
衾览卷，寒舍茶香"。饭不必隆重，最好是汤，香菇、木耳、萝卜、
鸡肉，文火慢炖，滋味弥香。这时候的碗最暖、最香。汤的滋味，
会将你带到想象的远方。

石蒜薹炒肉

秦岭南麓的略阳县，地处陕甘川交界，可谓"鸡鸣闻三省"。西汉元鼎六年（公元前 111 年）建县时，以其用武之地曰略，治在象山之南曰阳，取名"略阳"。

在嘉陵江的依偎下，略阳段的秦岭既险且秀，风光旖旎。1993 年秋，老师带领读师范的我们，乘绿皮火车，从宝鸡前往广元写生。途经略阳时，山水如黛，白鹭缓飞，习惯于平原单调景色的同学们，都兴奋地趴在车窗上惊呼，想要在这美丽的地方停留。

我们所走的路线，与唐明皇幸蜀的轨迹可能大致相近。

后来我才知道，略阳不光风景秀美，也是美食的天堂。此地有一种特产，为别处所未有，是真正的山珍。略阳人为了显示此食的金贵，还附会了一则故事，将之与唐明皇联系在一起。

据《略阳志》记载，唐安史之乱，玄宗奔蜀，途经此地，乡民以石参烧肉待之，玄宗食后大加赞赏。安史之乱平定之后，玄宗返京，仍不忘其余香，因而降旨将其定为贡品。

唐玄宗天宝十四年（公元755年）冬，安史之乱爆发。翌年六月间，玄宗在众臣的陪护下，自关中西行，逃离长安，自陈仓益门入秦岭，沿嘉陵江西行，经长途跋涉到达成都。据一些学者的推测，唐明皇到达略阳的时间，大约是六月下旬，而此时还未到石蒜薹成熟的季节。

石蒜薹是当地老百姓对此植物的一种俗称，也称石参，学名中华独尾草，因其茎秆形似蒜薹，故有此名。石蒜薹属百合科，为多年生草本植物，植株高者可达120厘米。叶基生，叶片条形，花极多，在花葶上形成稠密的总状花序，六月间开花，花小而香浓。

被称作石参的植物有多种，比如客家人所说的石参，俗名猫尾草、虎尾轮、喵公拽。其叶单数，羽状复叶，小叶对生，呈矩圆形、卵状披针形或椭圆形，总状花序顶生，呈穗状。这些都与石蒜薹不同。

石蒜薹分布于陕甘川的部分地区，如甘肃南部的岷县、舟曲、武都，四川西部的松潘、小金、凉山，云南西北部的中甸和西藏的八宿地区。陕西境内只在略阳县西淮坝镇的西淮坝村等地生长。石蒜薹喜欢避风向阳的环境，成株的耐寒性较好。通常在海拔1000米—2900米的岩石裸露的山坡上和悬岩的石缝中，都可见其身影，因此，此食的采摘有点费劲。

霜降前后，开始采挖石蒜薹，虽然石蒜薹的地面叶茎一岁一枯荣，但采挖的根部须得达到20—24个月的生长周期才行。冬季时，气温渐冷，花叶凋零，地气开始蓄养，在自然之力的积酿下，石蒜薹的根部变得丰腴硕美。山民们背着箩筐，带上药锄，手脚并用，小心攀爬。这活计，虽然有些危险，但它非凡的药用功能却能使人们想方设法，不辞劳苦。

略阳当地的民谣说："石蒜薹上面青，下面黄；吃起脆，嚼着香；既好吃，又度荒。"石蒜薹的可食用部分是根部，用小锄轻轻挖取，便可看到很多小指粗细的根须。石蒜薹的表皮嫩薄，需要用竹片轻轻处理，等灰褐色的外皮除去，便能看到淡黄色的肉质，形若玉指，润泽多汁。刮去外皮后的石蒜薹，需用冷水来淘洗。若是鲜吃，清炒即可，口感爽脆；若是制作干菜，便要挂起来风干。石蒜薹的根部被顺着长度破为四份，但顶端连在一起，这样便于挂在绳子上，置于房檐下。这时的石蒜薹却是有些金贵，不能晒太阳，但它和柿子饼一样，都离不开冬霜的加持，这样，风干出来的石蒜薹才会呈现出金黄色，药性和营养也最足。略阳人用石蒜薹做的菜肴有石蒜薹炒里脊、石蒜薹炒鸡蛋、石蒜薹炖土鸡、石蒜薹煮鱼等，若是在冬季，此菜与炖汤最为相配，而这时，山民的身体也正需要温热和滋补。

在略阳人看来，与石蒜薹最配的或许就是乌鸡，略阳乌鸡被冠以"中国四大乌鸡之首"的称谓，自汉代始，略阳乌鸡就一直是皇家的御用贡品。2008年，略阳乌鸡获得中国国家地理标志产品的保护认证，是略阳人眼中的"黑珍珠"。另外，略阳的花菇、木耳、洋姜都是与石蒜薹天然相配的食材。

食材，是最与自然风土连接，又与民众身心相合的事物。工业科技的隆兴，破除了自然时令的限制，也带来了时空的交乱与错叠，古人所说的"天有时，地有气，材有美，工有巧，合此四者然后可以为良"，更多已经成为被悬置的观念，所幸还有一些食材，因其执拗而保持着与天地节气的合拍。正是因为它们的存在，自然才得以成为自然，人们的味觉也因之而尚存一些野性和灵动。

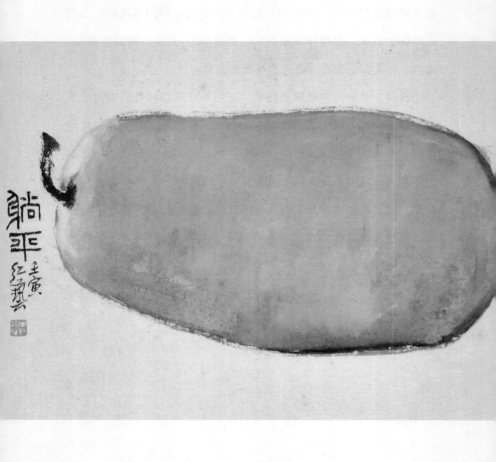

大雪

　　岁近腊月，蓄味备食，这是中国人迎接年节的固定活动。城市
与山乡，在这时显现出极为相近的韵律与节奏。杀年猪，买年货，
成为人们表达欣喜的高频词。各类食材的汇聚、人们情绪的高涨，
赋予了阴冷的时光以明媚的色彩。

庖汤

刘屠夫五十开外，已经是方圆几十里很有名的杀猪匠了。据他说，十五六岁的时候，就跟着师父打下手，不到十八岁，就敢拿起刀子上手了。但看他的模样，一点也不像个屠夫，弯眉细眼，小八字胡，笑眯眯的，有点像是电影里的军官。

因为手艺好，他很难闲下来，尤其是腊月，他得骑着自己的小摩托到处跑，有时候一天得跑三四户人家。

刘屠夫的家在距离张良庙不远的留侯镇，镇政府所在的村叫枣木栏，依山傍水、风光秀丽。五六十年前，枣木栏可是留坝县很有名的镇子，从这里可去留凤关，转道进入关中西陲，因此，交通上的便利使其成了路过客商的歇脚之地。

留侯镇的海拔在 1000—1500 米之间，气温较低，因此每年刚进腊月，风雪就会如期而至，但在这时候，没有比农户准备年货腊食更为重要的事情了，刘屠夫必须冒着风雪出门。他有一个大大的包，牛皮制成，里面装着各种刀具，有柳叶刀、剔刀、砍刀和切刀等，这是他养家糊口的家当。

山里人养猪，大多是散养，叫"跑山猪"，吞食吃草，活动量大，因此体型较小，肉质鲜香。饲养的时间通常都在十个月以上，早春买猪猡，腊月就可以宰杀了。这是大江南北中国人的习惯，俗称"杀年猪"。秦岭南麓的山民习惯称为"庖汤"或者"庖汤宴"。"庖"字的本义是指烹调或者厨师，"庖汤"这个词听起来文雅，但就字面来看，很多人却可能难知其所以然。简单来说，"庖汤"就是"杀猪菜"，至于该如何写，汉水流域的一些民众则认为该是"剖膛"，即指"剖膛杀猪"的意思。但是显然"庖汤"一词的意思要更全面，它不仅指杀猪，还包括用所得的猪肉来做菜宴客。因此，屠夫除了掌握宰杀家畜的技能，还需会做菜的本领。

猪不仅是与中国人最为亲近的肉食提供者，在世界范围内，它都是单纯用以提供肉食的家畜。距今一万年前，人类将野猪驯化，在居住地豢养。中国人的"家"字，上面是"宀"，表示与房屋相关，下面是"豕"，即猪。《说文》解释道："家居也。从宀，豭省声。"此外，厕所的古字"圂"，即指猪圈与茅厕共用及相连的历史。可见，家猪饲养与定居生活的关系极为紧密。

根据古化石，人们推测猪的历史可追溯到 4000 万年前，而且体型极为巨大，生性凶猛。据推测，有些野猪的体高有 1 米，体重可达到 100—350 千克。野猪最早被驯化是在中国。据目前的考古资料可见，在距今七八千年前，河姆渡的先民们就已经开始养猪了。《周礼·牧人》中所记述的六牲即六畜，为"马、牛、羊、豕、犬、鸡"。商周时期，已有了圈养猪的饲舍。但在汉代之前，放养仍然是养猪的主要方式。由于农业耕作技术的发展，人们发现圈养猪所产生的肥料对庄稼很有益，于是，圈养猪大量出现，积肥成为养猪的另一用处。在中国人长期的生活框架内，猪因可供食肉、祭祀、积肥、处理污物的作用，成了与家最为深度连接的肉畜。

　　人在小时候或许都曾羡慕过猪，觉得每天躺着，还有人伺候，但是家猪的可怜之处在于，其正常寿命二十年左右，可在一年左右时生命便走到尽头，供人食用。现在，由于喂养方式的改变，四五个月的猪就会出栏被屠宰。

　　杀年猪，这才是中国人欢聚的开始。在此之前，邻里亲友都会被通知到，来享用这鲜香的美味。

　　屠夫的做菜手艺大多称不上精良，但是有了最新鲜的食材，庖汤宴也自有其招人的魅力。

　　关系好的、时间宽松的家户，才能享受到刘屠夫的手艺。这几个小时的操作下来，他已经非常累了，但是为了完整呈现他的本领，做杀猪菜他还是乐意的。一杯热茶之后，刘屠夫转型成了厨师，操起瓢来，扬扬得意。院子里摆起了三张桌子，黄发垂髫、高语欢言。

刘屠夫要做的是当地的固定菜，猪脖颈的那一圈肉因为长期活动，肥瘦相间，味道最好，又因为此处老挨着石槽，也称"槽头肉"。槽头肉不腻不柴，炒肉片最好，自家种的青椒和蘑菇是最好的搭档。刘屠夫喜欢飞锅，火苗蹿起来，乡党们就叫好，旁边围观的孩子们更是尖叫、欢喜。内脏不大好存储，及时吃掉是上策。姜、蒜和酸菜是去腥解腻的灵物，爆炒腰花、干煸肥肠、夫妻肺片，这些家常菜肴，对于接近川菜口味的陕南人来讲，是最耳熟能详的。在辣椒的召唤下，同时在高温与调料的双重刺激下，它们被赋予了新的角色和性情。这边炒的时候，那边的大锅里其实已经炖上了，初冬时收获的萝卜还是脆生生的，切成三角块后，大骨及排骨首先登场。啃骨头是小孩子们最爱的，连着骨头的肉最香，因而也难以入口，围在锅边的他们，早已小猫挠心了。接到刚拎出来的热骨时，小家伙们赶紧缩在台阶上，早已顾不得台阶的冰冷，比对着大小肥瘦，一顿饕餮。大人们则慢条斯理，温酒闲话。

腊月，是农人们心绪最为安定、欢愉的时候，尤其是对于冬季漫长的山乡人家，你来我往的食物分享中，蕴含着他们的生活规律和世道人心。而对于来到陕南地区的移民来说，背井离乡、彼此依靠，是他们经营生活的内在动能，而食物给了他们最为恰当和自然的理由。

在大雪封山的日子里，山家的厨房里最能召唤人的灵魂。味道能飘至的地方，就是他们赖以生存的安身之所。

冬至

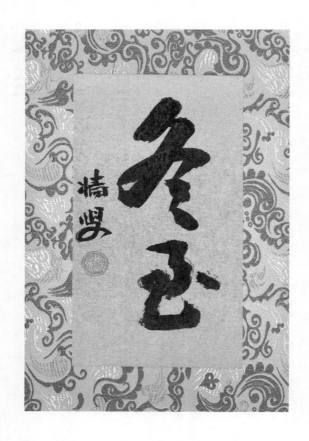

　　冬至大如年，人间小团圆。北方人吃饺子，南方人食汤圆，已经成了冬至的标志性食俗。寒冷的天气，给了制作腊味的方便，温度与时光的交互，戏剧般诠释着人间烟火中所潜藏的温馨奥秘。腊味，是要与人们相濡以沫，度过这漫长的寒季，直至春暖花开。

腊肉

在山地民众的生活里，肉食是不可或缺的，对于喜食肉类的山民们而言，发明出可将猪肉久放的熏烧之法，真是莫大的惊喜。

初秋时节，秦岭南麓的山民们已经开始制作各种干菜和腌菜，如萝卜干、土豆干、红薯干、豇豆干、豆豉等。他们知道，一场接一场的大雪，将会使他们以封门闭户的方式来度过漫长的冬季，因此，仰赖大山的他们深知"冬藏"的意义。立冬后，山乡里的农家活计变少，与亲友和邻居的往来、酬答便逐渐成为生活的主题。因杀年猪而产生的庖汤风俗，便是此地居民自然与人文协调的结果。

二十年前的陕南，猪是每家每户都养的，而且不止一头。山民自己喂猪，除了吃草，还有菜叶子、苞谷与糠和成的热食。直至现在，秦岭乡村里饲养的肉猪，通常会喂到一年以上，尤其是喂养了一年半左右的土猪，其肉的香味是不言而喻的。

在追求资本快速积累的工业化思路中，猪被要求快速长肉，鸡被勒令快快下蛋。"追赶超越"的急功近利，连处在这个时代的动物们也无法幸免。现在吃催肥饲料的猪，甚至不到五个月就可以出栏。因此，在此地生活了七十多年的宋老师说："山里自有山里的好，食材天然，节奏悠缓，人心安稳，这不正是令人向往的生活之味吗？"

杀年猪是旧时中国人的普遍习俗，存菜备肉，欢度春节。炖汤尝鲜之后所剩的肉，山民们会将其制作成腊肉。屠夫切肉时，也充分考虑到制作腊肉的需求，在他们的快刀之下，肉通常被切成三五厘米厚、二十厘米宽、五十厘米长的条块，当然，主要依据猪的身体结构来切分。切分好的肉，农妇们将之盛在大盆里，用盐涂抹表面，然后再放置一周左右的时间，这是腌制的环节，目的是使肉入味且能久存。经过腌制的猪肉，肉质的鲜红色会变得深沉；而经盐杀出的水分，也需要用竹竿将肉挂起来，置于阴凉处一整天，使其沥干。

过去，农家熏肉通常是在屋内的火塘处进行，将肉挂起后，离焰头一米五开外的距离，火塘里燃烧的是硬柴火和柏芽。因为硬柴火的烟气少，温度高，再加上柏芽特有的香气，烘出来的肉才会金黄透亮，香味特别。如今，由于居住环境的变化，采用专门烘房熏制腊肉的越来越多了，相较于传统的熏制办法，这样的烘房不仅安全，肉也能挂得更多。

腊肉的沧桑感是火候与时间的交合，白天里，要不断加柴，保持火的温度，夜间休息时，要将火熄灭，以保证安全。翌日晨起，又须重新将火点燃，如此周而复始，熏制十天半个月。熏制好的腊肉，至少可以存放一年。

这个因腊而名的肉制品，曾经使数以亿计的山乡民众，在漫漫冬日里继续体尝自然的恩赐。在秦岭以南的大部分山区，时常可以看到挂在屋檐下的腊肉，深沉的烟火色以及让人不忍多视的霉菌，其实正是腊肉醇味的加持者。吃的时候，要仔细将表面的附着物清理掉，然后露出玉质一般的腊肉，好的腊肉，是那种如红玛瑙一般的暖赤色，切成的腊肉薄片透过阳光，更是剔透晶亮，诱人食欲。

冬阳里的白雪，深乌色的各类干菜和暖暖的火光，是陕南人对传统冬日生活的牢固记忆。冬日里没有鲜笋，但山民保留乡野之味的办法有很多。烟笋是产竹的南方山地人善做的。从外表上来看，烟笋像是风烛残年的老朽，但若不亲尝，实在会因以貌取物而错过其与味觉之间的缘分。在西南山地，烟笋极为普遍，春日采来的鲜笋，用清水沸煮，沥干，然后用柴火或木炭的文火焙烤，使之完全失去水分。看起来皱巴巴的，实在几无营养，但其实，与腊肉的搭配，会让它借味还魂，活脱脱的一对神仙伴侣。

厨界大隐石兄建新，在冬日里要为我们做一道烟笋炒腊肉。秦岭买来的烟笋，夏季时须泡三四天，冬季时间则更长，用温水和凉水交替来泡，是他摸索的精妙之法，水是每天都要换的。一周之后，干瘪的烟笋似乎苏醒了过来，等待着老搭档腊肉的垂爱。是的，风干的老腊肉也要刮擦磨洗，使其露出本色，切成薄片后再过热水，使其咸味稍减。红辣椒切丁，取适量土法制作豆豉。另外，还离不开高汤的加持，高汤是前一天备好的鸭架、鸡架和猪骨，文火慢炖，滋味醇厚。石哥是把握食材本味的高手，他说，调料几乎是不需要的，食材的本味，会让烟笋炒腊肉惊艳你的味蕾。在铁铲的鼓动下，历经岁月沧桑的烟笋和腊肉将会为本味的重生而舞蹈和涅槃，并经味蕾向食客们传递自然与人工婉转相合的妙味。

当然，在春日里，鲜笋的清味更是要尝的，老醇的腊肉、素嫩的春笋，两者的邂逅好似这天地间注定的缘分，这是它们味觉的合奏曲，彼此的触碰互融，最好的体现便是新味的产生。

柔嫩的春笋放在舌尖上，腊肉的味道传来，继而快速转换，又让你感受到春笋微甜的清香之味和柔脆的舒适口感。在这种际遇中，笋的新鲜与单纯，成了对腊肉经年累月的老味的青春诠释，也是春天对人们的启示。

我觉得，春笋炒腊肉似乎想要告诉人们，从青春到暮年，从寒冬到暖春，岁月便是这般轮回，人生不可逆溯。因此，在酒杯举起的时候，亲友们展现的不仅是笑容，而是内心瞬间充盈而起的，对于自然的感恩和亲友的眷顾。

血粑粑

从外形上看，血粑粑比腊肉要丑很多。腊肉挂起来，还有点红红亮亮的油渍感，而血粑粑完全像是黑煤球。

若不是在这种食物的文化环境里，看见它还真是有点发怵。记得第一次看见这种吃食，是大学同宿舍的湖南哥们儿带来的，手雷一般的外形，乌漆黝黑，有点不知如何下嘴，因为那时生活简单，我们只是拿来美工刀，将之切成大片片，囫囵吞之，不过味道还真是不错。

在肉类的储存上，人类要比对待植物更费心思，只要动物活体被肢解，人们就不得不考虑它与时间、温度和湿度的关系问题。杀年猪，做腊味，是中国人感恩天地、连接亲情、愉悦自我的庆典。猪肉做了腊肉，猪血则用来做血粑粑。

古人尚血是出于对生命的崇敬。他们发现，这种红色的体液一旦流尽，动物的生命就会枯竭，然后身体腐烂，一切归零。因此，在混沌的原始思维中，血是与生命等同的。在尚血者的观念中，血具有某种既特殊又神秘的功能。它既能避邪、驱鬼、福佑人类，又会带来种种祸害，故视之为血灵，成为祭天礼地的最高表达。在皇家的祭祀仪礼中，通过燎瘗和掩埋，血液所象征的生命会与天地共融，归于大千世界。而在原始和民间的祭祀中，血和肉通常是要被吃掉的，因而，血祭亦即"血食"。《韩非子·十过》中就说："嗣子不善，吾恐此将令其宗庙不被除而社稷不血食也。"因此，追本溯源，血食或血祀才是牲祭的本意。所谓"血食"，也就是"食血"。人类在狩猎阶段，茹毛饮血是自然的事。虽到后来，社会、文明不断发展，但饮血习俗依然在一些后进民族中保存下来，他们认为，喝动物血能使动物的力量传到喝血者身上，用动物血与其他食材相混加工而成的食物则是对饮血习俗的文明化转向。

血粑粑的做法在山区盛行，应是与山中食材匮乏有关，农妇们将猪血与豆腐、大肉、生姜、胡椒粉、花椒面等调料相混合做成的血粑粑，可以陪伴山民们度过漫长的冬季，直到来年各类食材在春天里重新苏醒。这种安妥之法，是广大南方地区民众摸索出来的。因此，这种食物是腊月间南方山民们家家户户都需储备的年食。在陕南，老乡们也将之称为血豆腐、血馒头或血馍馍。

杀年猪的当天，就是制作血粑粑的时候。此食的制作在各地稍有差异。有些地方用糯米，秦岭南麓的乡村则普遍用豆腐——本地黄豆制作的老豆腐，清香有韧劲，是做血粑粑的良好原料。

先用纱布将豆腐中的水分挤压过滤，然后将豆腐渣捏碎，切成条形或丁状的五花肉，拌以新鲜猪血，再加入葱、姜、蒜、辣椒粉、食盐、菜油、味精、醋等调料，不断搅拌，使之黏稠、紧密、均匀。这个环节不仅需要耐心，也赖于身体经验的巧妙拿捏，只有把各种食材揉拌紧实了，血粑粑经过烘烤或烹蒸之后才会有型，不易松散。陕南人采用的办法是烘，馒头大的血粑粑被挂在柴火灶上，让升腾而起的烟火去熏，时间越长，血粑粑的腊香味就越足。

善做血粑粑的石泉县农民袁红清说："豆腐必须是柴火豆腐，越细越嫩越好；大肉就是猪胸腔上的肉，肥板子肉，不能要瘦肉；猪血必须是现杀的猪血，豆腐和大肉是 3 : 1 的比例。豆腐在捏的时候必须把它拍紧，如果不拍紧的话，在风干的过程中就会炸裂；烘的时候火要小，大了就起壳。在烘制的时候，小火烘五天，然后大火烘十天，一共要半个月。"

血粑粑的制作工艺虽语言表达得极简单，但实有赖于自然条件的默默支持。各类食材的物性在人类的智慧发现中，变得更能相互理解并友好相处。在土墙老屋内，血粑粑要接受疙瘩火半个月之久的熏烤，再加上数天的风干晾晒，使得人类巧思与自然之力相得益彰，这样才能做出妥帖的美味来。

血粑粑煮熟后，可切片做凉菜酌酒，也可与腊肉、腊肠一起炒，或者与豆腐、鸡、鱼等一起炖，口感筋道，唇齿弥香。陕南人的年味，是亲手制作各类腊货的味道以及自己酿造苞谷酒的醇香。

耐放的食物总是首先给人们以便捷，同时也带给他们适当跳脱出时空拘囿的食味，其中体现着人类对自然的尊崇，也包含着他们与自然的调适。

虛官不為民做主，
不如回家賣紅薯。
每於雪月，取此置爐中烤而食之。
其味甘美，而暖心猶如此言也。
壬寅冬又購得一筐，備烤，
或曰此物最暖人心。紅藝

小寒

小寒

老乔

　　大雪封山，深门闭户。此时最美的事，就是围炉烘手，漫语闲话。若是再烤点红薯、栗子或包浆豆腐，那就再惬意不过了。明火与食物的相遇，在此时最能温暖人心。秦岭里的吊罐肉、猪脚棒，最能安抚深冬里的孤独感。一勺一勺舀起，味美而意足。

吊罐肉

低矮的山房，幽暗的光线，潮湿的空间——这是秦巴山区传统民居给人的印象。

屋子里最亮最暖的，通常是火塘，这种取暖、采光和制食相结合的方式，自史前时期便有。有了食物的感召，火也更有了情味，于是，家人们围聚一处，享受美食，交流想法，凝聚感情。到后来，有些人家即便是有了灶台，通常也还会留有一个浅浅的火塘，铁丝从房梁上垂下来，系一个铁质吊罐，用之煮茶、熬汤、炖肉，都要比大体量的锅灶更方便。

灶，是将食材转化为食物的器用。锅灶的结合，使得烹饪工艺极大丰富，人们也通过锅灶来了解物性、享受美味、融聚情感。吊罐是很古老的锅灶形式了，与较为封闭的灶台相比，它缺乏对火的控制和管理，因此温度提升会有一定的局限，而且也有安全隐患，但其优点是保留了火的张扬，又用炖的方式增添了食物的绵厚之味。在阴潮的山乡之地，火塘自有其存在的价值与意义，它和传统民居相互磨合，形成了彼此接纳的互生模式。

吊罐虽有陶瓷材质的，但还是金属的更好用。明火高焰，再加上铁的导热性，赋予了吊罐食物以浓烈的味觉个性。由于吊空的特点，吊罐只能采取炖煮的烹饪方式，相较于最为古老的烧烤之法，炖煮使得食材的口感变得软糯，也可以更大限度地将食物的营养保留，同时也拓宽了食材的范围。多种食材的相互搭配，应该是自炖煮工艺开始的。

在保暖和防潮条件较差的山居里，火塘给了人们不少安慰。到冬季，风劲雪急，山间行脚也不便，于是，围炉闲话便成了山里人最喜爱的事，吊罐所带来的人与人之间的亲近感，是灶台所不具备的。一家老小围拢，由大人负责拨火添食，并将食物分配给大家，这是多么温情的农家生活啊！因此，对很多秦巴山地的人来说，吊罐肉不仅仅是美味，而且连接着生活里的情感。

身处大巴山内腹的岚皋县，流传着一首叫《十想》的歌谣，其中唱道："正月那个二十一（呀），想吃那个好东西（呀），想吃那个公鸡和母鸡（呀），（吗啊依子呀）吊罐子炖猪蹄（呀）。"在岚皋人看来，在过年的欢庆时刻，能够招待亲友和犒劳自己的最好食物就是吊罐肉了。

岚皋北踞汉水，南枕巴山，是巴人曾经的栖息地。巴人诞生于陕川鄂三省交界的巫巴山地，吊罐便是其生活方式的留痕。由于山中饮水矿物质较重，于是吃肉就成了他们平衡营养的生活之法。《隋书·地理志》便记载，陕南人"虽蓬室柴门，食必兼肉"。这让我想起自己的一个同学来，大学时期，我和洋县人申庚文在我老家合办美术培训班，吃住都是在我家，毫不夸张——关中人几乎每天三顿可以都是面。过了一周，申庚文实在扛不住了，跑到镇上割了些肉回来，让我母亲炒些菜吃，并解释说，他家虽在深山里，弟兄两人都在读大学，父母外债好几万，但他们每日午饭里必然会有一个肉菜，要不然心里实在挠得慌。我母亲则背后有些不悦，认为他娇生惯养、挑嘴贪吃。其实，只是不同的生活习惯罢了。这也是我在留坝时的感触，平原地带的民众饮食还是要比山里单调很多。从身体素质的角度来看，常吃肉的人也要比常吃面食者力气更大，比如四川的工匠，常会携带家小外出，每顿饭多少会炒些菜吃，肉自然是必需的，同时也小酌啤酒。关中的苦力则多是一碗面打发肚皮，其实在干活的耐力方面，关中人普遍要比四川人差很多。所以，倒不是山里人贪嘴，而是生活环境使然。

　　山里少污染，食材也更接近本味和新鲜。岚皋吊罐肉所用的是本地牛羊肉、林下鸡和跑山猪。山里的家禽家畜放养的居多，不像平原地区，为了生活规矩，禽畜们圈起来的居多。因为爬坡越坎，山里放养的跑山猪腿脚健壮，是为"活肉"，口感不肥腻也不干柴，因此岚皋人有一道菜，叫"炖腊猪蹄"。山芋、山笋和山药是最宜与腊猪蹄搭配的山货，或者农人们自己种的四季豆、豇豆、莴笋和瓠子等蔬菜也可。豇豆出园时，头茬的最为新鲜，不等太阳露脸，采摘将熟的豇豆搭在铁丝上，使之慢慢风干，这样得到的干豇豆，是最与腊猪蹄相合的家味，它能适度地吸收浓郁的汤汁，还能保持身躯里山风给予它的骨气，口感外糯内筋、软而不糜。

对炖菜来说，菜品不显刀工，形态亦不重要，最关键的是火候，首要的是食鲜。山中的日子不紧不慢，与其说炖吊罐肉是文火，还不如说是山里人慢节奏的生活。在预制菜越来越风行的当下，其显现的则是时间的商业性特征，尤其是年轻的打工者，匆忙的现实使他们不得不接受预制菜这样的工业半成品。

由于居住环境的变化以及电能的使用，吊罐这一原本家家户户须臾不离的山乡器具，已经被淘汰出局，因此，一种原本自己随手便能加工的家味，逐渐成为餐饮业中的角色。目前，在岚皋县的餐馆里，吊罐肉并不少见，但它已经不是那种原本慢条斯理的模样，也不是由切实的山乡生活所赋予的那种浓郁馨香的气质了。那种由亲情紧紧围合的吊罐肉，在当下物质丰沛的生活中，已经不可避免地被稀释为一种云淡风轻的精神点缀。所以我们所说的食味，除了食材本身带来的生物性味觉，还杂糅了诸多人文情感和生活之味，如果没有了后者，食物之味也便成了失却精神寄托的漂泊者。

大寒

大寒
一歳之末回春在即 老涛

　　春节，是中国人最为欢庆的时节。不论天寒地冻，舟车劳顿，
远在他乡的人们都要回到故土，与家人亲友相逢团聚、欢度新春。
这时，也是追念祖先、感恩神灵的重要日子。在人与人的相逢中，
食物才更能体现它与族群精神之间的深度连接，在人与祖先、天地
的对话中，食物也显现了它所被赋予的人文深意。

蒸盆子

汉江，是偎依于秦岭南麓的一条玉带。此水自陕甘川三省交界的宁强县发源，从嶓冢山自西向东，一路流经陕西的勉县、汉中（市）、城固、洋县、石泉、汉阴、紫阳、安康（市）、旬阳等市县。于白河县进入湖北省，过丹江口之后，干流再折向东南，沿途经湖北省的襄阳、宜城、钟祥、天门、潜江、仙桃、汉川等市。最后，在武汉市汉口的龙王庙汇入长江。

汉江是长江最长的支流，水文界将之与长江、淮河及黄河并列，合称"江淮河汉"。

为了便于生活，人类总是逐水而居，因此，文明的发源与流播常常与河流密不可分。

可以说，如果没有汉江的滋养，秦岭南麓的水润灵秀便会大打折扣。一山之隔，两相不同，陕南的桃红柳绿、粉妆玉砌，总是与秦岭北麓的方峻朴厚不同。再加上地缘之便，陕南民习自古受荆楚和巴蜀文化影响甚深，甚至还有湖湘文化的影子。

在汉江上游的汉阴和紫阳，流传着一种百姓钟情的菜肴——蒸盆子。虽然当地人也曾附会此食与刘邦的故事，但更多百姓还是相信蒸盆子与码头文化之间的关联。

秦岭之南，水系发达。在古代，水运交通要比陆路发达。汉江流经之地，加速了商品交易、人口流动和文化传播。唐宋时期，在金州设立汉阴郡，紫阳、石泉一度均在辖内。后来又有了汉阳城，由于其水运位置的重要性，使得汉阳及其周边地区成为汉江航运的重要枢纽。商贾云集、欸乃不绝，汉阳曾是汉江上最为繁华的码头之一，于是形成了极具融合性的汉水商帮文化。商业贸易使得汉阳人视野开阔、脑筋灵活，此地人自古挂在嘴边的话就是："上西安，下汉口。"经由穿越秦岭的子午道和顺依山脉的汉江，汉阳人将陕南的生丝、生漆、桐油、木耳、药材等物行销到南北各地，然后将食盐、瓷器及各种洋货等运输回来，再转销到汉阴、石泉和宁陕等地，于是，汉阳便有了"小汉口"的美誉。到明末清初时，湖广人口填陕西，更是促进了汉阳经济和人口的发展，一度出现了八大商号和四大会馆，如赫赫有名的湖南会馆和四川会馆，便是明证。

正是由于移民的进入，才为当地带来了诸多新的文化样式，饮食即是最为切实的要素之一。据说汉水一带早期蒸盆子的做法就是出自湖南移民厨师之手。湖南人称这道菜为"团圆大蒸盆"，只不过移植过来的蒸盆子在食材上做了因地制宜的改变。比如，在保持整鸡和猪蹄的基础上逐渐加入了一些本地蔬菜——木耳、黄花、莲藕、肉糕和鸡蛋饺等。

在我看来，蒸盆子与蒸碗不同，前者的汇聚整合色彩更浓，菜的混搭折射着人的团聚。因此，不论在湖南还是陕南，蒸盆子总是被人们用来表达团聚的热情。而平时，这道菜其实也不常做。当地人说，"众菜无人尝，只因蒸盆在"，在紫阳和汉阴人年节时的菜桌上，蒸盆子总是众望所归的主角，尤其对于移民们来讲，它不仅仅是口舌中的美味，更是人们团结生活的心念表达。在不同寻常的仪式感中，蒸盆子的人文意义才能进一步得到升华，也可能是此菜更能表达人们在节庆之时对于族群连接的祈望，这才使它成为加固关系的一种温情催化剂。

逐渐地，在汉江上，因船夫的穿梭往来，蒸盆子的美味和声名得以传播。据说自明清以来，此菜逐渐融进了百姓人家的餐饮生活，尤其是春节时的团圆饭，多数人家都要亲手制作蒸盆子。

蒸盆子所用的食材是当地所产的土乌鸡、土猪的前蹄膀、莲菜、黄花、胡萝卜、山药、香菇、木耳和肉丸子以及茴香、八角、葱姜蒜等各种调味料。最好是用农家的土灶，铁锅笼篦、硬柴高焰，这些都是制作蒸盆子的好搭档。蒸盆子的工序费时费心，通常需要多人的协作。当地人的习惯是，第一天的夜晚将清洗干净的整鸡和猪蹄膀，还有切成大块的莲菜等食材依次放入锅内，不需加水，盖紧锅盖，用文火慢慢去煨。土灶的温柔火焰通过铁锅与食材窃窃私语，在温度的促动下，各种食材也开始进行触碰和融合，不同物性的食材里所含的水分逐渐沁散挥发，形成水蒸气并在铁锅内升腾凝结，如此反复，味道缠绵。笼屉间呼出的串串白气，是食材与调味料热烈碰撞与融合的明证。

蒸，是人类饮食史上的巨大推进，尤其为中国人所钟爱。相较于煮和炖，蒸更好地保持了食材的形状，在由生到熟的过程中，味道与形体一直保持适度的克制，形成了味厚、色雅、形整的饮食美学特征。在封闭的空间内，荤素食材的味道反复转换，相互渗透，使其混合并浸透到食材所有的空隙之中，这是一种温柔的融通之法，也是蒸盆子得名的缘由和口味的养成之道。一夜时间，通常八至十个小时（其间还要根据情况加水），蒸盆子的主体宣告完成。

起锅前的一小时需要下入鸡蛋饺、肉糕、肉丸子等，从形态、色彩和口感上使得蒸盆子更加丰富。蛋饺或肉糕是蒸盆子入锅烹蒸时做的，在铁勺或者平底锅内稍施油，将搅好的鸡蛋清徐徐倒入，使其摊成小薄饼。这时，将以猪肉为主料，芹菜、白菜等蔬菜为辅料的馅料置入，然后翻起一边来，使鸡蛋饼成半圆形的饺子状，边缘紧合。这是蒸盆子里最细的活计，通常由女性来操作。

时间终于到了！过去的蒸锅如小盆，陶瓷质，很温情，把整好的各种食材慢慢倾入盆中，然后将鸡蛋饺或肉糕等放入。黄黄亮亮的鸡蛋饺旋转排开，像是盛开的巨大的黄花，引诱着食客们的味蕾。这时候，还需要撒上葱花或蒜苗，以起到视觉点缀和提味的作用。到这时，经过了大半日忙活的蒸盆子，终于功德圆满了！香糯的猪蹄、酥烂的土鸡，当地的九孔莲口感爽脆，久蒸之后便有了稍绵的口感，各种荤素搭配的食材，不仅具有层次丰富的口感，其味道也厚重醇香而各具风貌。再加上软软的蛋饺、木耳和山药，口舌之间，香沁脾胃，醉心不已。

蒸盆子在汉水人家非常普及，但不同地区的做法也稍有区别，比如汉阳蒸盆子和紫阳蒸盆子。

汉阳蒸盆子与紫阳蒸盆子最大的不同点，就是汉阳蒸盆子有肉糕，而紫阳蒸盆子用的是蛋饺。肉糕和蛋饺因为质地松软，因此都是单独制作，在最后的环节入锅。但不同的是，肉糕对于蒸盆子口味的影响更大，它不仅是诸多食材中的亮点，也是最难制作的。如果肉糕没有做好，蒸盆子的水准便会下降。因为口感糯软，肉糕通常是食客们最先下筷的食物，它关乎人们对蒸盆子味道的第一印象。至于肉糕的做法，一些人认为也不是本土的，而是湖南移民借鉴了湖北传统肉糕的结合物，从而形成了汉阳蒸盆子的个性口味。在汉阳，若没有肉糕、蛋饺，蒸盆子的名分便不能成立，而是将之直白地唤作莲藕炖猪蹄。

到了腊月二十三祭灶，就算进了年关，接下来，每家每户的生活内容便是购置年货、备菜制肴，白馍馍蒸了一锅又一锅，豆腐切片油炸，猪皮熬成冻肉，猪肠挂上屋檐……这些平日里很难见到的美味，一股脑儿地来参加这盛大的聚会，孩子们欢呼雀跃、喜不自禁。还有一道温情大菜的姗姗而来，那就是蒸盆子。

在陕南人的心目中，蒸盆子是大菜，大菜与小菜的不同，是大菜必然含带着隆重的情感表达。因此在年节之时，亲人们会从各处汇聚，在酒语欢言中诉说自己这一年来的经历体验、悲喜得失。家，总是精神的港湾，在对亲人的诉说中得到安慰和理解，才能将幸福发酵，把苦难稀释，从而坦然面对人生中的诸多不易。因而在历史的时光中，蒸盆子在陕南人的生活里所积累的情感连接和味觉记忆，是别处人所无法全然体会的。

蒸盆子告诉人们的是，食物的意义常常并不囿于食材本身，人们之所以从各类食材中挑选出蔬菜与配料，一是深谙不同食材的个性，二是想借此获得在民俗仪式上赋予它们的别样深意，那就是人与人之间的如蒸盆子一般的馨香之情。在中国人的观念里，一人独食、两三人共餐、众人欢食的差异，正是饮食文化的不同体现。喷香醇厚的蒸盆子，折射了众友欢聚、其乐融融的生活之味，也体现出农业社会中天长地久的情感属性和世道人心。

后记

　　横亘在中国中部的秦岭，被誉为"国家中央公园"，也是中国南北方的分界。其北食面，其南食米，气候差别，人文殊异。

　　2020 年春，应万邦书城总经理魏红建关于驻店写作的邀请，我曾在秦岭内腹的留坝县待过一个月。留坝全境人口不过三四万，甚无工业，生态极好。那段时间，我专注于食物的调研和写作，不少时候，凌晨四五点，我就随着小吃店亮起的灯光，一边观察，即时询问，或者进入农户，与他们享受自给自足的饭菜，事无巨细，闲谈漫聊，意图从方方面面对山里人的饮食生活进行精细的了解。于是，也萌发了写作一本关于秦岭食物小书的念头。

　　对生活来说，山水不是笔墨和诗句间的精神向往，而是与时光相伴的切实存在。从小在平原长大的我，对山，总有一种复杂的畏惧和隔膜，觉得生活于其间的山民，因封闭而简单，因窘迫而困苦。而这次的短居，才让我对山间的生活有了些许体验和了解。

山川湖海，高原大漠。为了栖息，人类总是不辞辛劳，万般求索，寻觅着自己身心安妥的家园。"靠山吃山、靠水吃水"，不仅是勇气，也是智慧。在大地的褶皱里，人类总是尽力将自己的生活经营得有滋有味，活色生香。

科技的隆兴，对山乡生态有所影响，但也发酵了不同境遇中民众的互知与流动。"新山居时代"的来临，稀释了山河之远的艰苦，多了些心念上的诗意和从容。山间岁月，水上时光，人类的生活，总是有赖于时与空的多维融合，才会有多样的食材工艺、民风乡情。本书的角度即是以二十四节令为主线，将山乡各地的特产食材连接起来，呈献一份时光的美味。从食物的角度来看，山是富矿，也是好书。尤其在水泥森林的都市里，城里人更像是被围困的鸟虫，于人事敏感，对自然麻木，虽然身有所寄，但却心难自由。忙，即心亡。

我有一些朋友颇好山林之乐，如画家周红艺，斋号"抱山居"，多年以来，松下独坐，石上冥想，得山之逸气，笔墨清雅，也有志将终南七十二峪——绘出。诗人、画家张二冬，借居终南已近十年，是山居文化的切实践行者，亦文亦画，传递山居生活的美学与诗意。还有友人小雅，多年来遍访终南隐者，登山远足，喜山如痴，且擅制美食，在我多年的食文化写作中灼见频现、启发良多。仁兄石建新为食界大隐，古道热肠，厨艺高超，曾手把手教我做菜、叮嘱提醒，是我烹饪实践的良师益友。更为荣幸的是，国内知名篆刻家、书法家赵熊老师以书、印加持本书，实在增色颇多。另外，也感谢著名主持人、文化学者赵普先生，知名非虚构作家阎海军先生对此书的热情推介。我的研究生薛涵帝，几乎是新文的第一读者，我也让她提出建议，从青年人的视角进行改善。还有研究生刘欣璇、徐澈晨，她们都曾阅读全书，仔细勘校。

尤为可说是，在留坝时幸识朱艳坤，若即若离的多次触碰，使得这本书的诞生有了更好的姻缘。在他的引荐下，领读文化的负责人康瑞锋愿意投资、策划此书的出版，每次相谈也都很融洽，二十四节气的视角亦是他提出来的，编辑田千及设计人员更是费心，使得本书在视觉效果上缤彩纷呈。而我在时间的纬度上也自然联想到了空间。书中描绘的食物，正是拜秦岭这座伟大而有趣的山脉所赐，当然也是民众生活经验的人文转化。山里山外，高岭丘壑，即便同一时令，食材在各地的生存状态也不同，因此，书中的选材有点像是中国画的散点透视，无法按照统一的时令标准去要求，而是让视觉和味觉在这座山系的各处游观，从而为读者勾画一幅纷呈错叠的味觉手卷。在这则手卷中，以诸多山乡食材为珠，以时令为线，以蒸、煮、炒、炸、煎、炖、煨等烹调手法为彩，尽心为读者捧呈出流水时光里的美味。

这是我写作的第二本美食书。近两年来，得益于陕菜网所给予的宣传平台，以及大唐博相府总经理刘晓钟和张同武、田龙过、金传梅等诸位同仁的鼓励和关心，使我不仅在切入角度上，更是在写作手法和思考方式上，都想力争有所变化。同时，我也进行了这样的尝试：尽可能保证因循时令之变的历时性及在场性写作。这样，写作者的身心会更加新鲜敏感，当然，也无法所有篇幅都能如愿，有些文章是在小雁塔北侧的禾曰食文社里通过追忆写就的。所以，心念有时不得不在四季间穿越，以便重温四季节令在身心间的反刍与回甘，如果不力，也请读者包涵。

　　总之，我想把自己在山间的所感所悟，通过文字传递给读者，以使困于楼群中的我们能够在心念里构筑自己精神上的山野家园。

　　是为记。

张西昌

甲辰年霜降前于禾曰食文社

寻味

温暖你我的味道

系列书目

《寻味西北》张子艺_著   《山家风味》张西昌_著